室内装修建材案例

日本株式会社无限知识　编著

何庆　译

北京出版集团公司
北京美术摄影出版社

目 录

Japanese-style room

和室

bathroom and toilet

浴室・厕所

stairs and corridor

楼梯·走廊

others

其他房间

素 材 访 谈

案例集的阅读方法

详细介绍各部位使用的素材与表面处理方式：室内照片与素材照片按左上方小图标相对应

室内装潢照片

墙壁、地板、天花板等各部位使用的素材及表面处理方式的详细信息

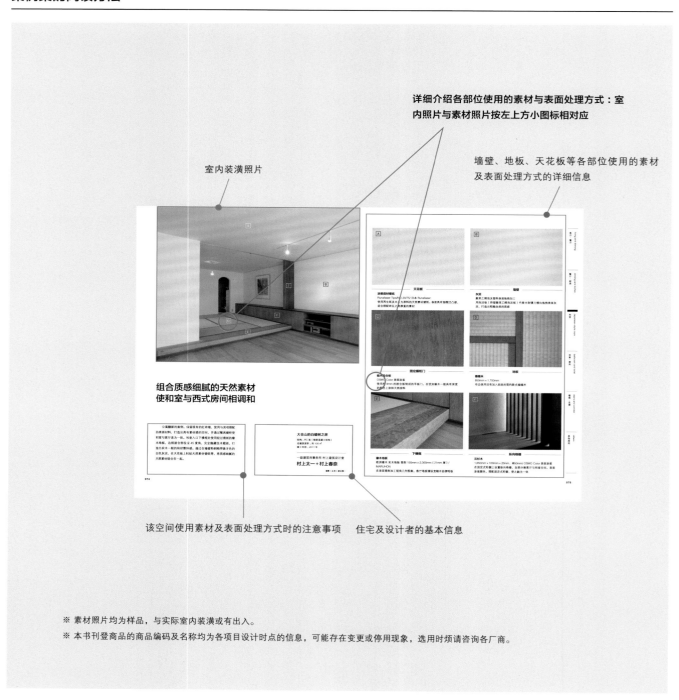

该空间使用素材及表面处理方式时的注意事项 住宅及设计者的基本信息

※ 素材照片均为样品，与实际室内装潢或有出入。
※ 本书刊登商品的商品编码及名称均为各项目设计时点的信息，可能存在变更或停用现象，选用时烦请咨询各厂商。

客厅·餐厅
living and dining

避免细分各房间，将功能相近的房间连贯为宽敞的空间，为您介绍统一客厅及餐厅的方法。客厅及餐厅作为日常生活的主要活动场所，尤为重视空间的开放感及舒适感。另外，客厅及餐厅还应具备接待来客、彰显主人个性的功能。以木材为主要素材的自然风情，或是将白色作为基调的简约风格，客厅及餐厅给人的印象丰富多样，但都需要注重空间的连贯感和氛围的一体感。

客厅·餐厅的
基础知识

客厅·餐厅是人们休闲及用餐等一家团聚的一体化空间。
挑选素材时应当注重居住的舒适感、家具的协调性等要素。

客厅·餐厅的用途

客厅·餐厅是将用于休闲放松的客厅（L）和用餐的餐厅（D）合并在一起的家庭中心房间。这样的空间布局比单独设置更显宽敞，同时可以使家人之间的一体感增强。人们经常在享用三餐后，移步到沙发上看电视、听音乐，或是打个盹儿。另外，餐桌也常被当作学习、读书等工作场所。

除此之外，在此空间里同时还设置厨房（K）的LDK户型也十分常见。但是，如果不太喜欢厨房这种杂乱氛围的话，建议选择LD户型。

统一室内装潢的方法

客厅·餐厅最好设置在离玄关、厨房较近，视野和采光较好的南侧。但是，如果能通过设置开口部（窗户）撷取室外美景的话，就无须设置在南侧。

客厅·餐厅的装潢风格会影响到住宅的整体气氛。是想要打造祥和宁静的氛围，还是想要一个明亮清爽的环境，事先决定好家的主题是十分重要的。

从地板材料开始决定表面材料，能够使室内装潢风格更容易保持统一。比如，柚木或胡桃木等色泽浓厚的木材适合搭配粉刷泥水材料的墙壁、铺贴木板的天花板以及厚重的家具；桦樱或槭木等色调明亮的木材则适合搭配白色涂装的墙壁、天花板以及明亮轻巧的家具；灰浆或赤陶等质地的地板材则适合自然朴素的墙壁、天花板以及复古风格家具。掌握了这样的概念，就更容易把握住室内装潢的风格。与此相对，还有根据居住者对家具的品味来搭配空间的手法。

另外，客厅·餐厅还是用来接待来客的场所，因此需要尽量让人感受不到私人生活的氛围。只有确保充分的收纳容量，防止日常生活用品暴露在外，才能避免给人留下杂乱无章的印象。此外，像空调这类大型家电应当尽量配置在不显眼的地方，才能打造出稳静协调的空间。

挑选及统一表面材料的方法

客厅的可使用素材种类较为丰富，餐厅由于考虑到用餐时洒落的食物等容易弄脏地板，则一般采用具有一定强度和耐水性、容易擦拭的地板材料比较保险。此时需要注

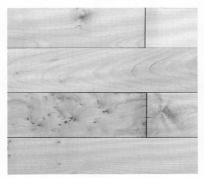

| 1 | 2 | 3 |
| 4 | 5 | 6 |

1. 柚木地板。深褐色色泽，使用久后会变化成独特的麦芽糖色。2. 黑胡桃木地板。沉稳的暗褐色，具有厚重感。3. 桦木（白桦木）地板。略泛粉红，木材肌理细致，质感平滑。4. 德国榉木地板。特征是光泽华美，具有如丝绸般质感。5. 赤陶瓷砖。素烧瓷砖，特征是天然色彩斑纹及朴素的质感。6. 土墙。可以根据稻秸麻刀的加入量调整表面质感。

意的是，并不是单独挑选表面素材，而更要注重作为同一空间的一体感。

预算较为充裕时，可以选择实木地板或泥水材料墙壁等质感较高、随着岁月沉淀韵致愈发深沉的建材，搭配触感良好的大木桌与坐着舒适的沙发等；预算相对紧张时，应当充分发挥结构体及底材作用，甚至还可以大胆展示通风管道等。使用长尺寸 PVC 地板及 PVC 壁纸时，配合使用塑料家具可以一同打造出无机质感。另外，放弃展示素材质感，改为在表面进行无彩色涂装以展示光影效果，也是一种不错的选择。

一般来说，避免将天然素材和人工素材混用在一起是关键。但是也有一种"一白遮百丑"的空间统一手法，是将空间全部涂装成白色、单单在地板一处使用实木厚板材的点缀式豪华主义。

｜ 照明的设计想法

客厅要打造出稳静祥和的空间，照明灯具及光源应当避免太过显眼，光线柔和的吸顶灯及间接照明较为适合。

同时使用落地灯作为辅助照明也卓有成效。餐厅照明的设计想法也与此基本一致，但是为了方便做家务及工作，应当尽量确保光照亮度。餐桌上方悬挂吊灯时，由于会对室内装潢风格造成很大程度影响，请务必慎重挑选款式。

光源最好使用光线柔和的白炽色等高演色性灯光，能使食物看起来更为美味。如果具备调光功能，可以根据昼夜调整亮度则更好。

｜ 关于材料的保养

在实木上涂装护木油或打蜡保养时，需要每年重新涂装一次。但是如果第一年切实做好保养工作，之后基本不会出现大的问题。如果居住者不太喜欢保养或是不擅长清除污垢，建议从开始就选择优丽坦涂装。

至于墙壁方面，如果想通过涂装或张贴壁纸来更新墙面，则需要定期重涂或重贴壁纸。涂装可以直接在表面重叠涂抹，壁纸则需要先剥去原有的旧壁纸。另外需要注意的是，壁纸虽然是一种基础材料，但商品编码几年之后很有可能会被停用。

（执笔・村上太一）

1 缅甸柚木（BT-09 宽幅）180mm× 不定尺（15mm 厚）。天然护木油涂装 & 打蜡。可安装地板暖气。销售价格：15,802 日元／㎡。（本书中商品价格为 2013 年价格，仅供参考）
2 黑胡桃木（BW-01 宽幅）130 ×1,820mm（15mm 厚）。天然护木油涂装 & 打蜡。销售价格：34,360 日元／㎡。
3 西伯利亚桦木（BT-13 宽幅）130 ×1,820mm（15mm 厚）。天然护木油涂装 & 打蜡。销售价格：7,729 日元／㎡。
4 德国榉木地板（GM-02 宽幅）130 ×1,820mm（15mm 厚）。天然护木油涂装 & 打蜡。可安装地板暖气。销售价格：12,560 日元／㎡。

使用质感细腻的素材，
映照透过玻璃的柔和光线

即使位于大都市也能享受大自然气息的住宅。靠近道路一侧的庭院的主立面作为唯一的采光面，采用了高质量光学玻璃砖，让光线最大程度透过的同时能够隔阻室外噪音。透过玻璃观看室外无声的风景，犹如欣赏一幅抽象油画。在玻璃的折射作用下，墙壁上描绘出光线的纹样，阳光穿过枝丫跃动在地板上。地板使用火成岩材料，墙壁则使用深色松木板壁材料。材料色泽鲜艳，在光的映照下，展现出细腻质感。

光学玻璃房

结构：RC造（钢筋混凝土结构）
用地面积：243.73 ㎡
水平投影面积：172.48 ㎡
总建筑面积：363.51 ㎡
竣工年份：2012 年

NAP 建筑设计事务所　|　**中村拓志**

摄影（左页）Koji Fuji_Nacasa&Partners

客厅·餐厅　living and dinning

餐厅·厨房　dinning and kichen

和室　Japanese-style room

浴室·厕所　bathroom and toilet

楼梯·走廊　stairs and corridor

其他房间　others

天花板

白色 AEP 涂装
采用白色 AEP 涂装，使庭院里配置的水盘反射的光线映照在天花板上

收纳壁

松木实木板材
Maruni Wood Industry
用刷子在表面有木节的松木实木板材上进行加工以突出木纹，使墙壁表面质感柔和。还可以将木节去掉，制成门的把手或窥孔

墙壁

灰浆
墙壁上粉刷灰浆并涂装防水剂，使墙壁具有防水功能，且表面更为美观

地板

火山岩
石灰石 /ADV-BA4060/400mm×600mm（15mm 厚）/ADVAN
经过水磨加工的意大利产石灰石

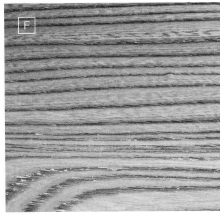

LD 内外壁

光学玻璃荧光屏
50mm×235mm×50mm / 旭 Bill Wall
使用大约 6000 块玻璃砖，全部由工匠通过铸件工法手工制成

餐桌台板

光叶榉实木板材
3200mm×l050mm，（60mm 厚）/ 樱制作所
台板使用光叶榉宽幅板材，表面进行三分光优丽坦涂装

把手

钢制把手（上附皮革）
钢制把手上面卷有皮革。NAP 建筑事务所设计

黑墙风墙壁与灰浆地板的客厅
有如城镇商家的穿堂通道

客厅的设计使人与大自然相互交融。为了使室内外界限变模糊，让客厅整体看起来有如城镇商家中贯穿正门与后门的通道，在外墙和内墙表面铺设了相同的无木节杉木板材。室内室外的杉木板材都采用相同的黑色天然护木油进行涂装，天花板则涂抹硅藻土，地板表面粉刷灰浆。客厅的屋顶可以当作房檐。另外在房顶设置狭长的天窗，制造出鳞次栉比的感觉。

德岛之家 01

结构：木结构
用地面积：498.40 ㎡
水平投影面积：234.47 ㎡
总建筑面积：194.39 ㎡
竣工年份：2011 年

SUPPOSE DESIGN OFFICE | **谷尻诚**

─── 天花板 ───

硅藻土

涂层厚度：2mm 左右
使用白色硅藻土，给人以粗糙轻快的印象

─── 墙壁 ───

杉木板

1.5mm 厚 / 涂装：木材着色保护剂（黑檀）/ 日本 OSMO
经过拼接加工的无木节杉木板，表面涂装半透明黑色天然涂料

─── 地板 ───

灰浆

涂层厚度：70mm
使用金属镘刀按压灰浆形成的平滑表面。与室外
砂砾保持相同色泽，使空间具有连续性

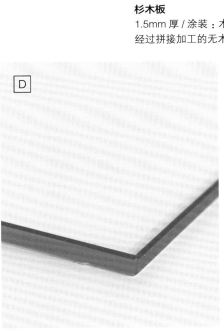

─── 推拉门 ───

浮法玻璃 + 防爆膜

8mm 厚
大开口部使用透明浮法玻璃，使室内外界线变
模糊

─── 门框 ───

美国罗汉柏

涂装：Xyladecor 牌木材保存剂 / 日本大阪燃气
化学集团
门框使用耐腐朽性强的美国罗汉柏木材，白色系
色调散发着柔和气息

客厅・餐厅 living and dinning

餐厅・厨房 dinning and kichen

和室 Japanese-style room

浴室・厕所 bathroom and toilet

楼梯・走廊 stairs and corridor

其他房间 others

给铺设玻璃 × 白色地板及
墙壁的明亮空间中增添金属的锋芒

通过连续使用相同素材，使 LDK 户型更加具有宽敞感。地板使用平整的白色橡胶长板，散发着无机材料特有的质感。墙壁和天花板则使用特殊矽环氧树脂涂料进行涂装。为了使室内也反映出住宅外观上的金属锋芒，特意将楼梯踏板设计成仿佛刺入钢板一般。餐桌、厨房、厨房收纳柜等都使用相同的不锈钢振动加工，为白亮轻快的空间增添了金属锋芒的厚重感。

A-House

结构：RC 造（钢筋混凝土结构）
用地面积：296.95 ㎡
水平投影面积：88.47 ㎡
总建筑面积：118.36 ㎡
竣工年份：2012 年

洼田建筑工作室 | **洼田胜文**

摄影（左页）铃木研一

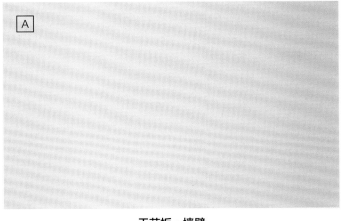

天花板・墙壁

白色 EP 涂装
Ceramifresh_IN/SK KAKEN
LDK 的天花板和客厅墙壁铺设石膏板，餐厅墙壁使用清水混凝土并用白色环氧涂料进行涂装

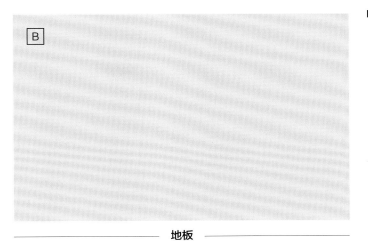

地板

橡胶长板
Noraplan uni(2446)/ABC 商会
为了在 LDK 的地板上安装真空地板暖气，采用橡胶长板。表面平整，具有无机质感

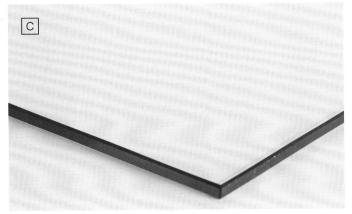

FIX 玻璃

强化玻璃
12mm 厚 / 日本板玻璃
使用大尺寸的透明强化玻璃，使室内外融为一体

平板门

铝板
800mm × 2020mm
通过在夹在 FIX 玻璃面之间的门的表面张贴铝板，给人以金属锋芒的印象

踏板

钢铁
12mm 厚
仿佛刺入一般，在楼梯主结构体中用钢筋固定钢板

厨房柜台

不锈钢
6mm 厚 / 松冈制作所
在厨房柜台的腰壁、台板处同时使用不锈钢，使表面如同整个铁块，通过振动加工处理散发出深沉光泽

客厅・餐厅　living and dinning

餐厅・厨房　dinning and kichen

和室　Japanese-style room

浴室・厕所　bathroom and toilet

楼梯・走廊　stairs and corridor

其他房间　others

以硬质单调素材
打造无机质感的空间

　　在沿海倾斜地带建筑的房屋。考虑到有可能遭受海水盐害，用着色剂将混凝土涂装成铁锈色，极大抑制了材料表面经年累月后的变化。室内装潢则沿袭了室外材料的无机质感。灰浆粉刷的天花板与地板打蜡抛光，清水混凝土墙壁则使用聚氨酯树脂磁漆进行涂装。餐桌及电视机柜台、照明灯具、楼梯踏板及扶手等都使用钢铁制作，整体素材都保持统一的严整性。

大野之家

结构：RC 造（钢筋混凝土结构）
用地面积：212.03 ㎡
水平投影面积：74.86 ㎡
总建筑面积：89.65 ㎡
竣工年份：2004 年

SUPPOSE DESIGN OFFICE 　 | 　 **谷尻诚**

摄影（左页）SUPPOSE DESIGN OFFICE

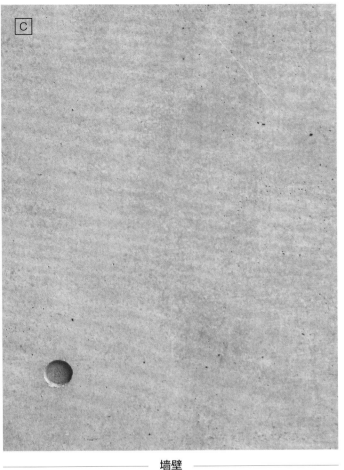

客厅·餐厅 living and dinning

餐厅·厨房 dinning and kichen

和室 Japanese-style room

浴室·厕所 bathroom and toilet

楼梯·走廊 stairs and corridor

其他房间 others

───── 天花板·地板 ─────

灰浆
使用金属镘刀粉刷，呈现出些许斑驳感，表面打蜡抛光

───── 墙壁 ─────

清水混凝土
使用普通模板浇铸而成的清水混凝土。表面粗糙自然，施加 UE 涂装

───── 照明灯具 ─────

聚光灯
MS10091/maxray
为融合无机质感的空间而使用的陶瓷聚光灯。采用小型卤素电灯泡

───── 楼梯 ─────

钢
9mm 厚
钢板上进行黑色 SOP 涂装，制造光泽

───── 厨房柜台侧板 ─────

钢
4.5mm 厚
经过弯曲加工，在其表面的氧化膜上涂装优丽坦透明涂料

组合整齐有序的
钢板、玻璃和瓷砖

使用了玻璃砖外墙和扁钢骨架的住宅。为了最大限度利用从玻璃砖中透进来的光线，天花板采用白色 OP 涂装钢板，墙壁铺设椴木胶合板，地板则粘贴具有光泽的瓷砖。空间全体采用白色系色调，随着时间与季节的变化能欣赏到不同的光影变化。

水晶砖

结构：S 造（钢架结构）
用地面积：126.55 ㎡
水平投影面积：62.87 ㎡
总建筑面积：177.78 ㎡
竣工年份：2006 年

天工人工作室
山下保博

摄影（室内、外观）吉田诚 / 吉田写真事务所

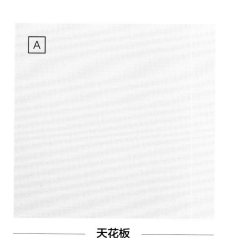

—— 天花板 ——
钢
4.5mm 厚
使用白色 OP 涂装的钢板构成格子状，制造出深邃的感觉

—— 地板 ——
瓷质瓷砖
无掺料水泥（现 Extra White）/
300mm × 300mm/OHMURA 瓷砖
慎重决定白色色度和光泽度，从而调整光的反射程度

—— 墙壁 ——
玻璃砖
Basic Glass Brock Plain/190mm 见方（95mm 厚）/ 日本电气玻璃
结合无色和半透明玻璃砖砌成的墙壁，具有优越的隔热性能

白色墙壁
和天花板反射光
线，展现立体感

客厅·餐厅 living and dinning

餐厅·厨房 dinning and kichen

和室 Japanese-style room

浴室·厕所 bathroom and toilet

楼梯·走廊 stairs and corridor

其他房间 others

　　形如相互簇拥着的巨大的草丛般的住宅。光线从天花板和墙壁的各个角度射入坡顶屋顶包围下的挑高空间里。为了发挥光影效果，处理空间时需精选表面素材。墙壁仅由椴木胶合板和粘贴有冷布的石膏板构成。二层的定制家具上安装的朝上灯光照射天花板，挑高空间上方安装的聚光灯则用来照射墙壁和地板。无论是在自然光线还是人工照明的条件下，空间都能清楚地展示出复杂的表面构成与素材质感。

折草之家

结构：木结构
用地面积：132.54 ㎡
水平投影面积：89.93 ㎡
总建筑面积：131.64 ㎡
竣工年份：2005 年

Studio-Kuhara-Yagi 一级建筑师事务所

八木敦司

摄影（室内、外观）岛村钢一

―――― 天花板·墙壁 ――――

椴木胶合板

4mm 厚
一层的天花板粘贴椴木胶合板，保留缝隙。表面涂抹无色木蜡油，展现木材肌理原有的光泽

―――― 天花板·墙壁 ――――

寒冷纱

在二层的天花板和墙壁铺设的石膏板上张贴冷布，并用油灰平滑表面，再施加白色 AEP 涂装

统一室内与檐头表面的处理方式
保证室内外的连续性

在微微突起的山丘上建立的住宅。客厅·餐厅设置有宽10m、高2.6m的大开口。为了保证室内外的连续性，内装使用白色涂装墙壁，室外则采用了可以直接使用的重蚁木地板材。为了使柜橱及厨房家具看起来更显眼，没有采用白色涂装，而是直接保留椴木胶合板原有的颜色。窗框作为平台及室内的界线，设置在距离檐头一间（日本尺贯法度量衡的长度单位，约为1.818m）左右的位置。窗户大敞时，整个框架看起来仿佛像是给房子镶上了四角形的边。

崖上之家

结构：S造（钢架结构）
用地面积：201.19 ㎡
水平投影面积：118.80 ㎡
总建筑面积：99.46 ㎡
竣工年份：2012 年

手塚建筑研究所　|　**手塚贵晴 + 手塚由比**

摄影（左页）木田胜久/FOTOTECA

天花板·墙壁

白色 AEP 涂装

张贴冷布 + 涂抹油灰（日本涂料工业会颜色样本编码 N-95）
在厚约 12.5mm 的石膏板上进行白色 AEP 涂装

地板

重蚁木实木地板

FIPS01-122/120mm×910mm（18mm 厚）/MARUHON
素材主要使用茶褐色重蚁木，也用于室外平台，使室内与室外产生连续性

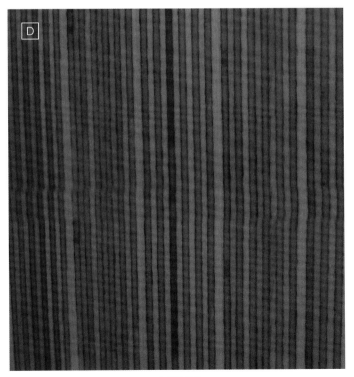

桌子顶板

桦木胶合板

87.5mm 厚 / 涂装：优丽坦透明漆装
使用芬兰桦木制成的胶合板上施加优丽坦透明漆装。合作生产

门楣

美国罗汉柏

100mm 宽，50mm 厚
在高耐候性的美国罗汉柏上涂装防腐清漆，明亮的色调与重蚁木形成对比

客厅·餐厅　living and dinning

餐厅·厨房　dinning and kichen

和室　Japanese-style room

浴室·厕所　bathroom and toilet

楼梯·走廊　stairs and corridor

其他房间　others

使用不同主体结构
为墙壁和地板质感增添变化

同时采用钢筋混凝土结构与木结构建筑而成的住宅。为了体现结构上的差异，选用了不同表面材料。钢筋混凝土结构部分的墙壁和天花板涂上白色涂料，保留框架接缝；木结构部分的墙壁和天花板则喷上白色水泥砂浆。保持色调统一的同时，使质感产生微妙的差异。地板也是如此，钢筋混凝土结构部分的地板铺设材面较宽的板材，降低木纹的存在感，而木结构部分的地板则采用木纹清晰的较窄板材。楼梯和厨房则统一采用染成深色的椴木胶合板，使天花板、墙壁与地板之间的对比更为突出。

House K

结构：RC 造（钢筋混凝土结构）+ 木结构
用地面积：165.13 ㎡
水平投影面积：82.14 ㎡
总建筑面积：161.47 ㎡
竣工年份：2011 年

筱崎弘之建筑设计事务所　|　**筱崎弘之**

摄影（室内）Hiroyasu Sakaguchi（室外）Sota Matsuura

──── 天花板·墙壁 ────

白色 AP 涂装
View Clean 弹性（日本涂料工业会颜色样本编码 N-90）/ 菊水化学工业
亚克力树脂类涂料，具有耐久性，不易脏污。使用雾面处理方式，抑制表面光泽

──── 楼梯部分 ────

椴木胶合板
9mm 厚 / 涂装：一次涂装（黑檀）/ 日本 OSMO
在椴木胶合板上涂抹黑檀色半透明涂料

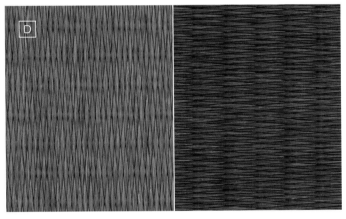

──── 地板 ────

白蜡木地板
白蜡木板材（黑色）/FEP0015/303mm × 1818mm（12mm 厚）/
SANWA Company
使用无倒角的白蜡木复合地板

──── 地板 ────

榻榻米
美草 / 目积席面 / 蓝紫色（左）、木炭色（右）/ 积水成型工业
质感粗糙自然的彩色榻榻米。将两种不同颜色的榻榻米与地板保持统一平面，铺设成棋盘纹状

──── 墙壁 ────

喷涂水泥砂浆
水泥砂浆涂层 MS（日本涂料工业会颜色样本编码 N-90）/ 菊水化学工业
木构造部分的墙壁和天花板使用灰浆后喷涂水泥砂浆，进行雾面处理

──── 地板 ────

白蜡木的隔音地板
Ash-Bourne（黑色）/WK4517/145mm × 909mm（13.6mm 厚）/
SANWA Company
铺设经过细微倒角的白蜡木复合地板。内有隔音板夹层

粘贴胶合板和白壁纸，
改变连贯空间的色调

　　大小错落的空间在参差不齐的同时连贯成一体的住宅。从玄关到会客室、客厅、餐厅，根据空间的大小、光线的强弱及氛围的不同，分别选用不同的素材。由于委托人追求素材的质感，因此客厅的墙壁、天花板及地板表面使用了日本鹅松明桦饰面胶合板及地板材。如果一直保持木材的质感，空间的色彩将趋于单一，不够明快，因此在餐厅墙壁及天花板上粘贴白色 PVC 壁纸，在地板上铺设白色 PVC 瓷砖。

原野回廊

结构：木结构
用地面积：20,000 ㎡
水平投影面积：101.58 ㎡
总建筑面积：131.60 ㎡
竣工年份：2006 年

五十岚淳建筑设计　|　**五十岚淳**

摄影（左页）新建筑社 摄影部

天花板·墙壁

日本鹅松明桦饰面胶合板

2.5mm 厚 / 涂装：优丽坦清漆
客厅的天花板和墙壁粘贴了特别定制的 2.5mm 厚日本鹅松明桦饰面胶合板。表面涂装优丽坦清漆

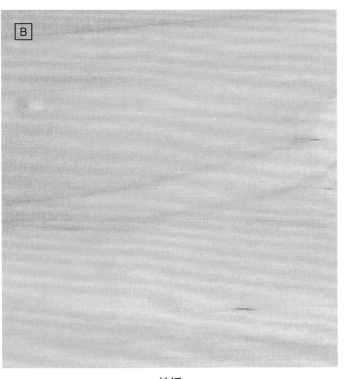

地板

地板材

12.5mm 厚 / 涂装：优丽坦清漆
客厅地板安装地板暖气，铺设 12.5mm 厚的地板材

天花板·墙壁

PVC 壁纸

SLP900/SINCOL 株式会社
餐厅墙壁张贴白色阻燃型 PVC 壁纸。表面有细微纹理

地板

PVC 地板砖

MS Plain/MS5626/2mm 厚 /TOLI
张贴多层 PVC 瓷砖。为使空间色调更加明亮，瓷砖使用灰白色

living and dinning
客厅·餐厅

dinning and kichen
餐厅·厨房

Japaneese-style room
和室

bathroom and toilet
浴室·厕所

stairs and corridor
楼梯·走廊

others
其他房间

风格中立的地板与墙壁
衬托剪刀式桁架结构的天花板

　　美洲松木材桁架交叉而成的牢固而又纤细的横梁结构。天花板材料也使用了美洲松胶合板，为了保留木材的野趣及温润，没有采用着色涂装，而是使用半透明天然护木油进行哑光涂装。为了突出木材的质感，墙壁施加白色三分光 AEP 涂装（水性涂料）。而地板则铺设木纹较为低调的柚木地板材，以便日后方便搭配家具。厨房内装潢则使用水曲柳直纹胶合板，作为家具之一融合在周围空间里。

剪刀桁架之家

结构：部分木结构 +RC 造（钢筋混凝土结构）
用地面积：119.57 ㎡
水平投影面积：59.32 ㎡
总建筑面积：118.63 ㎡
竣工年份：2009 年

SUWA architects+ engineers
真田大辅 + 佐藤尚子

摄影（室内）SUWA architects+ engineers

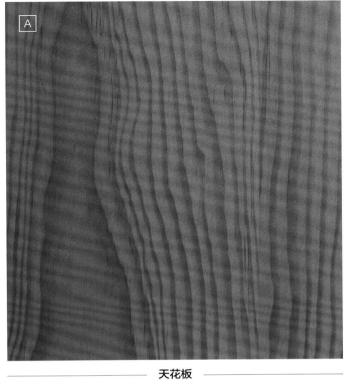

--- 天花板 ---

美洲松

涂装：OSMO Color（Extra Clear#101）/ 日本 OSMO
为展现木材质感，涂装无色天然涂料

--- 墙壁 ---

白色 AEP 涂装

Deluxe300（19-90A）/ 关西 PAINT
石膏板上施加白色 AEP 涂装，打造哑光平滑表面

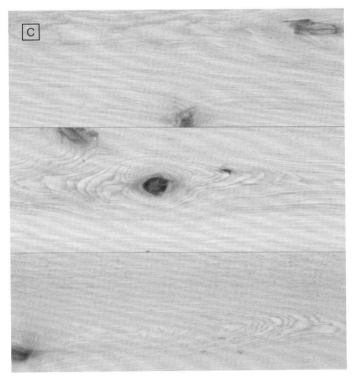

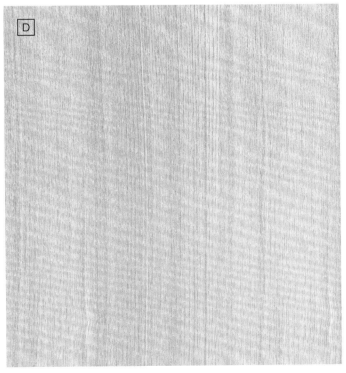

--- 地板 ---

橡木三层实木复合地板

LARGO（橡木 stick grade）/F-LAOA-MU-RA148/148 × 1,820mm（14mm
厚，部分不定尺）/ Alberopro 株式会社
使用边材或者表面有木节的特色橡木单板（3mm 厚）作为表面材料

--- 厨房柜台侧板 ---

水曲柳直纹木皮板

涂装：透明漆
特点是木纹明亮简约。考虑到与银色不锈钢及黑色铁制金属炊具
的搭配性，从而选用了该材料

客厅・餐厅　living and dinning

餐厅・厨房　dinning and kichen

和室　Japanese-style room

浴室・厕所　bathroom and toilet

楼梯・走廊　stairs and corridor

其他房间　others

泥水材料墙壁及榻榻米般的石质地板，使和式建筑更显时尚

客厅的地板与房檐下的小通道铺设相同的铁平石，使庭院与室内产生连续感。为了避免建筑风格偏于和式，将铁平石铺设成规则的方形。为使每块铁平石展现独自的风情，将接缝增大至 50mm，露出底部混合有两成日本大矿砾石的灰浆。为了让墙壁呈现出欧洲民宅般的朴素感，先用镘刀在墙面涂抹法国产泥水材料（用硅石灰打底）再将其刮落。天花板则粘贴日本天龙市杉木大芯板。

深院之家

结构：木结构 +RC 造（钢筋混凝土结构）
用地面积：413.90 ㎡
水平投影面积：157.53 ㎡
总建筑面积：380.00 ㎡
竣工年份：2004 年

横内敏人建筑设计事务所 | **横内敏人**

摄影（室内）新建筑社 摄影部（室外）畑亮

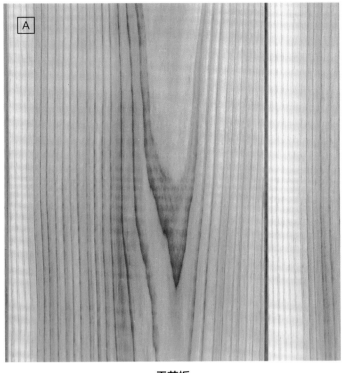

───── 天花板 ─────

天龙杉木

拼接加工 /180mm×2400mm（18mm 厚）
使用宽约 180mm 的大尺寸实木大芯板，心材与边材界线分明。
将心材部分多的一面朝外张贴制造纹样

───── 墙壁 ─────

硅石灰打底的泥水材料

石灰涂层 /G-20/Fukko 株式会社
在硅石灰中混入水泥、骨材、颜料等制成的天然风泥水材料。粉
刷后再进行刮落处理

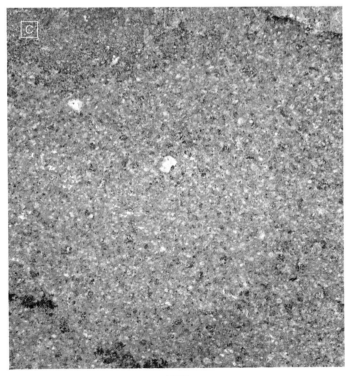

───── 地板 ─────

铁平石

350mm×450mm（20mm 厚）
接缝距离石头表面约 1mm，露出混合有与铁平石色调相近的骨
材的灰浆（水泥色）

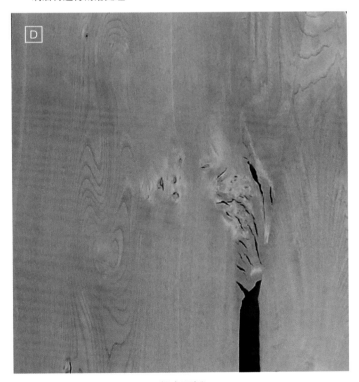

───── 餐桌顶板 ─────

榆木

1300mm×100mm（40mm 厚）
使用一整块榆木制成的餐桌顶板。质感柔软，但不易弯曲变形或
龟裂

客厅·餐厅　living and dinning

餐厅·厨房　dinning and kichen

和室　Japanese-style room

浴室·厕所　bathroom and toilet

楼梯·走廊　stairs and corridor

其他房间　others

粉刷混合泥土的硅藻土与灰浆
使住宅整体散发粗糙自然气息

该度假住宅的屋顶用泥土砌成，上面野草丛生，与大自然融为一体。为了让背后的里山和眼前的大海之间保持通风和视线贯通，将住宅的结构体设置为一间大房。外墙上粗抹混合有泥土的硅藻土和灰浆，用以对抗 RC 墙面盐害作用。墙面粘贴海边捡来的贝壳，再用刷毛和铁钎削出表面。室内粘贴不定尺柚木地板，餐桌表面也使用柚木木皮板制成，全体统一散发出安静朴素的气息。

House-C 地层之家

结构：墙壁 RC 造（钢筋混凝土结构）
用地面积：826.47 ㎡
水平投影面积：102.71 ㎡
总建筑面积：93.16 ㎡
竣工年份：2008 年

NAP 建筑设计事务所　｜　**中村拓志**

摄影（室内）Hiroshi Nakamura & NAP（室外）Masumi Kawamura

客厅・餐厅 living and dinning

餐厅・厨房 dinning and kichen

和室 Japanese-style room

浴室・厕所 bathroom and toilet

楼梯・走廊 stairs and corridor

其他房间 others

───── 天花板・墙壁 ─────

米黄色系 AEP 涂装
French Wash/ NENGO
以雾面 AEP 涂装打底后，涂上法国洗涂料在涂料干之前，用纱布擦拭出色彩自然的斑驳感

───── 地板 ─────

柚木地板
NEMIA 柚木地板宽幅 / 不定尺（15mm 厚）/ 东京工营
印度尼西亚产的宽幅实木地板。护木油涂装后，褐色愈发深沉

───── 柱子 ─────

棕榈绳
使用椰子科植物棕榈制成的绳子紧紧地绑在作为结构体的钢管柱子（φ6mm）上

───── 外墙 ─────

灰浆 + 泥土 + 硅藻土
涂层厚度：最大 55mm/ 吉村兴业
在灰浆中掺入建筑施工现场采集的泥土，喷涂混合有硅藻土的泥土，再用毛刷、铁钎、金属刷、塑料刷等刮削表面

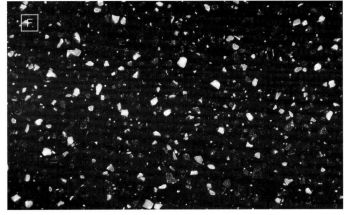

───── 厨房柜台兼餐桌 ─────

人工大理石
Korean/MCC/12mm 厚 /MRC. Dupont
采用与室内其他素材保持统一感、并有泥土般温润感的素材

───── 屋顶 ─────

泥土 + 草丛等植物
同质多晶防水钢筋混凝土上人工铺设少量土壤，并播种西洋矮草和大波斯菊种子，使其发芽绿化

堀 部 安 嗣
Yasushi Horibe

不会背叛居住者的素材

堀部先生一改天然素材给人的印象，将其打造成时尚元素
关键是材料挑选的视角。

蓼科之家（2010）结构材为日本国产杉木，表面材料为日本花柏

摄影 堀部安嗣

充分使用实木材料的日式古宅
（位于冲绳中城的中村家住宅）

使用不会老旧的素材，
打造普遍适用的空间

大约 20 多年前我开始独立经营事务所，当我再次前往自己 10 多年前设计的住宅时，时常会有一种老旧之感。究其原因，主要是在于住宅内的器械设备等。虽然我在进行空间设计时，并不习惯使用太具有特色的器械设备，但是诸如水龙头、照明灯具之类的设备仍然难免让人感觉到其使用寿命之短。由于这些器械设备都反映着当时的流行趋势，因此像洗面台这类设备的设计，很容易过不久就会让人感受到有过时之处。

如果建筑中过多地加入这类器械设备，就难以维持空间自身的调和状态。因此，我认为应当打造一个不被机器设备所束缚的普遍适用的空间。关键是要有这样一种思想准备：尽情使用容易更新换代的器械设备，不依据它们的外观造型进行空间设计。

选用 10 年、20 年后
也能入手的材料

除了器械设备以外的其他建材也是如此，作为一时的流行或是当时的主流的产品往往具有早早就停止生产的倾向。这容易导致多年后住宅翻修时，由于无法采购到相同的素材，只能拼凑使用其他不同材料。但是由于每个时代都有

的素材并没有很多，因此如果将此作为基准挑选材料将会十分困难。

从这个角度来看，果然最佳选择当属实木材料。比如，使用杉木地板时，就算 10 年后木节脱落开孔，也能够重新购买到相同的素材。从一方面来说这合乎常理，而另一方面，建筑和材料本来就应当处于这种关系，不是使用裹挟在时代旋涡中的东西，而是一直存在的东西。如果在亘古不变的人类价值观与心情的基础上进行设计，那么创造出的空间即使经年累月也不至于落伍过时。

在进行空间设计时，人们往往会将至今尚未使用过的材料或是想要挑战的材料作为选择之一。但是大多数人最终还是使用与以往相同的材料，这是因为他们觉得无法使用自己并不完全信任的材料。即便一时觉得新材料充满了魅力，但却无法明确知道数十年后该材料是否还存在，是否能够进行后期保养维修，对居住者会产生怎样的影响等。只要这些问题尚未得到答案，他们就不会使用新的材料。

对能够保存建筑原貌的
实木的信赖

我童年时期居住在一所使用了大量实木材料的木造房子中。还记得由于房子很古老，门窗已经被白蚁啃噬穿孔，台风时还会漏雨。但是同时，我也从中切身体会到实木材料

南之家（1995）
客厅的墙壁和天花板涂了灰泥
摄影 堀部安嗣

最终是可以修葺完好的。由此我也对实木材料产生了绝对的信赖感，现在也有自信是在知晓其优缺点的基础上加以使用。

我们向委托人解说实木材料时基本上都在强调它的缺点，比如提醒委托人实木材料会有裂缝、容易变形等消极性因素，并建议他们对实木材料要抱有宽容的态度，大部分委托人也会对此表示理解。与其说这是由于实木材料可以保存原貌，不如说是居住者在与素材的共同生活中构筑起了信赖关系。

历经数十年也不会背叛
居住者的素材

墙壁经常使用的表面材料是灰泥和泥土。如果住宅的主要空间及预算比较充裕，建议最好使用灰泥。至于天花板则大多采用实木板材或胶合板，或是粉刷灰泥。灰泥涂装的表面可以映照出地板的颜色及窗外绿植的景色，产生丰富的色彩及韵致的变化，使空间变得饶有趣味。

然而，由于近年来泥水匠的数量剧减，数十年后泥水材料粉刷的墙壁都有可能不复存在。这是时代发展的一种趋势，也是作为一名设计者所无法控制的现实。因此设计者在描绘空间的蓝图时，必须尽量避免过度依靠技术，努力将其控制在自己也能操作的范围之内。

由于地板是人体会经常触碰到的表面，因此挑选表面材料时会有很强的倾向性。据说，使用柔软的杉木地板可以减轻居住者的腰痛症状。地板材料竟然会对人体产生如此大的影响，我感到十分惊讶。但是另一方面，这一类质地柔软的素材还具有表面容易刮伤、不适合安装地板暖气等特点。无论哪种材料都有其优点和缺点，因此必须考虑清楚每个住宅在此时此刻究竟适合使用什么样的材料。挑选地板素材时，建议使用不仅能够支撑居住者的生活、还具有一定存在感的材料。就外观上而言，竖向拼接的 UNI 地板不够清爽，有失美观，因此我一般不会使用。

虽然我并不是天然素材主义者，但我仍然觉得天然素材是不错的选择。理由有很多，但说到底最关键的因素还是在于"不会背叛"这一点。只要将它们的伸缩变形或是裂缝透风等缺点看作微不足道的问题，那么它们一定能够回报您的信任，即使历经岁月也会切实履行自己的职责。

设计建筑时反向运用
素材原有的温暖与印象

只要使用天然素材，就容易打造出饱含温情、富有人情味的空间。但或许我是一个喜欢唱反调的人吧，偏偏讨厌这种将"使用木材"与"温馨的空间"挂钩的论断。使用木材时，我反而想要打造出一个冷色调的空间。反之，使用混凝土或钢铁这一类质地坚硬冰冷的素材时，我会思考如何使它们看起来更加温暖。这种反其道而行之的设计方法，可以使人们避免轻易地给素材的印象下定论。像这样，新的尝试必然会导致失败的增加，风险也会更大，但是如果没有这种别出心裁的尝试，建筑设计也会变得索然无味。

比如，在"市原之家"中，通过选择没有木节、色调缺乏参差感的实木材料，使其散发出无机质感。另一方面，清水混凝土的表面的纹理、斑驳的色调，甚至是其中掺杂的气泡都使其犹如表面富有变化的备前烧，令人倍感喜爱。如果在尝试将天然素材打造成一个冷色调的空间时，又从空间的某一隅自然流露温情，那将是十分令人欣喜的事情。

选择能够使空间
一体化的素材

表面材料的选择应当坚持具体问题具体分析，世界上并不存在一个可以套用的万能方程式。决定某种素材时，不仅要考虑到住宅的总成本，还需要考虑到它与空间的平衡及统一、法律规定、居住者的个人嗜好、门窗设置、地板暖气的安装等问题之间的联系。因此，不到最后拍板的关头，就无法避免各种失败的尝试，必须要坚持思考直到剔除所有冗余因素，抓住核心要点。

设计时，需要注意打造空间的韵律感。一般而言，人们会将计划合理、空间平衡当作评判住宅的标准，然而我所理解的绝佳的住宅，应该是富有韵律感、犹如节奏跃动的乐曲一般的住宅。静态的空间是无法构成生活的，缺乏开放感或是闭合感的空间也会让人难以忍受。我认为，只有将对立的情绪包容为一体的空间才能称之为"住宅"。因此，设计时必须要注意空间的抑扬顿挫，尽量使空间氛围犹如呼吸一般自然。

为了打造出空间的韵律感，有时还需要改变素材。此时并不是将光照强弱、房间尺寸等物理性因素作为思考的出发点，而应当着眼于那些无形的因素之间的差异。

通过亲自访问住宅来记忆具体表面材料的做法会太过拘泥于实物。当一个人觉得空间氛围和感觉十分舒适时，是不会在意材料本身的。因此不管人们对素材如何精挑细选，最终目的也不过是使空间保持一体感。我认为选用素材时应该坚持这一原则。

客厅・餐厅 living and dinning

餐厅・厨房 dinning and kichen

和室 Japanese-style room

浴室・厕所 bathroom and toilet

楼梯・走廊 stairs and corridor

其他房间 others

市原之家（2010）
将地板的石灰石和暖炉的混凝土呈现得更为温暖
摄影　堀部安嗣

轻井泽之家 II（2010）
天花板及地板使用无木节的木材，表面美观，空间色调偏冷
摄影　堀部安嗣

堀部安嗣

出生于日本神奈川县。1990年毕业于日本筑波大学艺术专业中心环境设计专业。1994年成立堀部安嗣建筑设计事务所。2007年开始担任京都造型艺术大学研究生院教授。主要著作有《堀部安嗣的建筑 Form and Imagination》（TOTO出版）等。

水磨石 × 颜色与碎石的组合打造多彩效果

水磨石是在白色水泥中混入各种碎石及粉状颜料制作成形的人工大理石。主要是定制生产，是可以打造出独特表面效果的素材。

协作公司 大阪石材

水磨石是指将大理石或花岗岩粉碎而成的碎石混入水泥及树脂制作成形后，表面磨光成如同大理石般纹路美丽的人工石。根据混入的碎石及颜料的种类，可以打造出天然大理石中没有的独特纹路。市面上主要流通的产品尺寸为300mm见方和400mm见方。由于其优越的耐磨性，常被用作通行量较大的场所的地板材料。但是需要注意的是，用于室外时，水磨石会受到酸雨的影响而逐渐失去光泽。近年来，由于中国进口的水磨石价格便宜，使得日本国产水磨石的订购量剧减。以下为您介绍现在日本可以接受定制生产的各种水磨石。

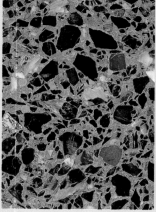

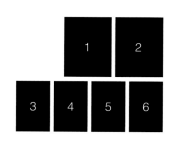

以下记载了水磨石的商品名及每40kg白水泥中颜料的含量。

1. 象牙。白色水泥中仅混入了白色碎石，通过微妙的色差表现出通透的质感。

2. 加茂印花布。混合普通水泥50kg、氧化铁黄180g、红色90g、黑色16g。含有白色及米黄色系碎石，表面质感粗糙自然。

3. 金丝雀。混合氧化铁黄540g、红色7.2g。使得表面泛有红色。通过具有通透感的碎石使得表面更加深邃。

4. 蛇纹。无白色水泥。混合普通水泥40kg、绿色108g。如蛇纹石一般的深绿色，含有黑色碎石使得韵致更为深沉。

5. 美浓霞。混合普通水泥40kg、褐色80g。含有茶褐色与灰色碎石，富有微妙感，十分贴近天然石材。

6. 白珊瑚。混合氧化铁黄73g。茶褐色的碎石看似天然石材中含有的化石，与白色底色形成对比，十分美观。

餐厅·厨房
dining and kitchen

本章为您介绍餐厅·厨房这一将烹饪及用餐等连动行为统一于一体的功能空间。改变传统的封闭式厨房，适用于想要在感受家人气息的同时愉快地烹饪料理的居住者。厨房由于设置有炉灶、洗涤池等设备、厨具及家用电器，因此存在感相对较强，要使其与整体空间巧妙地融为一体，必须重视厨房周围设计的一体感，不能破坏空间的整体氛围。

餐厅·厨房的基础知识

餐厅·厨房是可以同时享受烹饪料理及与家人交流的乐趣的空间。
该空间需要重视通行时的便利性，以及厨房设备和餐厅家具的协调性。

餐厅·厨房的用途

餐厅·厨房是指将用餐和做家务的餐厅（D）与用来烹饪的厨房(K)连贯成一体的空间。许多住宅设计案例中，都放弃设置客厅，而将餐厅用作休闲放松的场所。另外再设置客厅的时候，餐厅·厨房则会成为只有家人使用的私密性空间。

统一装潢的方法

由于厨房内要摆放食材，因此室内温度一般不能过高。但又由于要再次进行长时间的家务，因此最好设置在采光较好的位置。如果将厨房和其他用水处设置在相邻的位置，那么就能使清洗衣物、沐浴清洁等家务的活动路线更为便捷，设备管理也更容易统一。另外，由于厨房是家人活动路线容易交错的场所，因此设计时应当尽量减少空间的尽头，制造可回游性。将餐厅和露台连接在一起，天气好的时候可以在室外用餐，这种做法也十分受欢迎。

该空间设计的关键，在于如何自然地将追求功能性的厨房和追求舒适感的餐厅协调在一起。此时，柜台顶面及厨房墙面的艺术性设计会给空间带来强烈的影响。冰箱、电饭煲等家用电器也容易引人注意，因此有必要将它们尽量隐藏起来，或是选用与空间相搭配的款式。另外，由于厨房内摆放有餐具、烹饪用具、食材等众多物品，因此需要保证充足的收纳容量，以便将它们安放在适当的位置上。另外需要注意的是，如果将厨房设置在靠近食品贮藏室的地方，会使空间看起来杂乱无章。厨房还是需要用火的地方，所以要注意考虑空气及烟雾的流通。

预算充足的情况下，除了家具及门窗以外，配合居住者的烹饪习惯制作的厨房及收纳家具，能够使空间更具有统一感。另外，还应当考虑在方便的场所设置使用便利的收纳家具，比如在触手可及的范围内设置抽屉、安放橱柜，在头顶安装陈列架等。如果让厨房的柜台顶板和洗涤池的设计保持统一，不但更加美观，清洁工作也更为轻松。将洗碗机嵌入在洗涤池和炉灶之间，也能缩短移动路线，使用起来更加方便。

而预算较为紧张时，建议使用廉价又简单的整体厨房，即使搭配其他家具也不会产生不协调感。想打造成岛型厨房时，可以在整体厨房的三个方向粘贴饰面板，使其与装潢相协调。工作用厨房则可以利用日常用具、灰浆、木材及油漆，将其打造成时髦的咖啡厅式空间。

客厅·餐厅　living and dinning

餐厅·厨房　dinning and kichen

和室　Japaneese-style room

浴室·厕所　bathroom and toilet

楼梯·走廊　stairs and corridor

其他房间　others

1. 餐厅·厨房的案例。配合装潢风格，使厨房柜台顶板及腰壁如同家具一般融入空间。2. 通过人工大理石使柜台顶板与洗涤池融为一体的案例。简约大方，方便清洁。3. 厨房表面材料使用不锈钢，可以产生如同工作室般严整的氛围。4. 白色人工大理石配合色调明亮的装潢。5. 茶褐色人工大理石适合时髦的装潢风格。6. 厨房柜台腰壁及炉灶前粘贴表面质感佳的瓷砖，散发出如咖啡厅般的氛围。

挑选及统一表面材料的方法

由于厨房追求各种各样的功能，因此只能使用限定素材，同时还必须遵循相关室内装潢限制性条例。柜台顶板一般主要采用耐水、耐热的不锈钢和人工大理石，也有使用花岗岩、强化玻璃和瓷砖的案例。厨房适合采用镶板、瓷砖及厚度约1mm的不锈钢，另外有时还会粘贴砖瓦及玻璃。

用于收纳的柜台由于不用担心顶板的渗水问题，常使用木材和大理石。家具的表面材料则常使用木皮板、美耐板、优丽坦涂装以及烯烃类片材等。内部层架则常使用聚乙烯胶合板。

照明的设计想法

在厨房作业时，如果因为自己的手遮住光线而出现暗影，将会影响到烹饪料理，因此建议最好在多个位置安装荧光灯这种较长的光源共同照明。事先设置好照明配线管，并根据需要安装聚光灯的话，会使空间更为灵活便利。厨房适合采用荧光灯及LED这类不容易发热的光源，但是卤素电灯泡能够使食物看起来更加美味。如果在炉灶上方安装照明设备，就能使人更加清楚看见锅里。餐桌上方悬挂吊灯的话，就可以让家人在用餐时更感亲密。不过需要注意的是，吊灯会很大程度上影响装潢风格的方向，因此必须慎重考虑。

关于材料的保养

厨房设计需要考虑到地板的耐水性、耐脏性和清洁的便利性，以及与餐厅的协调性。如果厨房地板采用与餐厅地板相同的木材，可以使两个空间具有一体感。另外也有考虑到厨房容易溅水，而在地板采用优丽坦哑光涂装的案例。

厨房柜台顶板使用的材料种类不一，但是一般采用美耐皿发泡海绵擦拭污渍，如果污渍不易清除，则可采用研磨用的尼龙刷帚摩擦表面。小苏打溶于水后可以清除墙面等地方沾染的污垢。用火时产生的烟雾不仅有异味，其中含有的水蒸气和油分还会成为墙壁及天花板上吸附灰尘的罪魁祸首。为了防止烟雾飘散到餐厅，可以考虑设置垂壁。另外重要的一点是，收纳家具和洗涤池应当避免设计得太过复杂。

1.2 nico house: 设计 一级建筑师事务所 村上建筑设计室

空间大开口部粘贴玻璃，
统一成单色调的时髦空间

粘贴玻璃的餐厅·厨房。挑檐出挑宽度较大，可以抑制光线进入。空间亮度随着活动路线不断变化，餐厅·厨房的明亮度居中，夹在明亮的玄关和书房中间。为使地板与铺着碎石的露台看上去浑然一体，选用了与碎石颜色相近的灰色雾面大瓷砖。天花板颜色由白色灰泥涂料粉刷而成，厨房的天花板则使用了深黑色人工大理石，从而使整个空间有一种沉稳、简约的单色调感。

OR-House

结构：RC 造（钢筋混凝土结构）
用地面积：807.31 ㎡
水平投影面积：201.56 ㎡
总建筑面积：204.30 ㎡
竣工年份：2011 年

洼田建筑工作室　|　**洼田胜文**

摄影（左页）铃木研一

————— 天花板 —————

灰泥涂料

ALES 灰泥 / 关西 PAINT

9.5mm 厚的石膏板表面涂装白色灰泥涂料

————— 墙壁 —————

清水混凝土

消除纹路的清水混凝土，表面平整

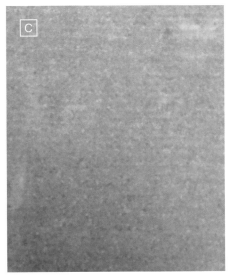

————— 地板 —————

瓷质瓷砖

BBT-305M6（现已停用）/ADVAN

粘贴与砾石及混凝土颜色相近的哑光瓷质瓷砖，尺寸为 600mm 见方

————— 厨房柜台顶板 —————

人工大理石

Korean/ Nocturne DN /MRC. Dupont

厨房柜台顶板使用漆黑的大理石，使得空间给人收紧的感觉

————— 室外砾石 —————

室外砾石

在露台铺满灰色系碎石

客厅・餐厅　living and dinning

餐厅・厨房　dinning and kichen

和室　Japanese--style room

浴室・厕所　bathroom and toilet

楼梯・走廊　stairs and corridor

其他房间　others

展示强调素材质感的钢板及木材，打造活力四射的光的空间

该住宅由四面用 I 型扁钢建成的双抛物线墙面构成。作为住宅支柱的扁钢暴露在室内，并在其中安装层架，同时可用作纵向弯曲的约束构件。支柱及层板上使用高耐腐蚀性的 FERRODOR 涂料，使其金属光辉历经岁月愈发耀眼。厨房的定制家具使用振动加工后的哑光不锈钢。天花板使用白色 OS 涂装后的柳桉木胶合板，地板铺设振动加工后的柚木地板。通过对素材表面进行加工，使得空间产生一种沉稳的氛围。

Natural Stick II

结构：SRC 造（钢架结构）+ 部分墙壁 RC 造（钢筋混凝土结构）
用地面积：108.43 ㎡
水平投影面积：64.66 ㎡
总建筑面积：212.24 ㎡
竣工年份：2012 年

EDH 远藤设计室 | **远藤政树**

摄影（室内）坂口裕康 A to Z（室外）EDH 远藤设计室

A

客厅・餐厅　living and dinning

餐厅・厨房　dinning and kichen

和室　Japanese-style room

浴室・厕所　bathroom and toilet

楼梯・走廊　stairs and corridor

其他房间　others

B

────── 天花板 ──────

柳桉木胶合板（白色 OS 涂装）

5.5mm 厚，贴两层

选用表面红色纹理较少的柳桉木胶合板，表面进行白色 OS 涂装，略微残留木纹

────── 墙壁 ──────

PVC 壁纸

FAIN/FE4697/Sangetsu

粘贴花纹方向不规则的白色 PVC 壁纸

C

D

────── 墙壁（部分）──────

白色阻燃型饰面板

AIKA seraru/FHM5414ZGN/AIKA 工业

仅在厨房前墙面使用，是易加工、耐冲击、耐热、耐湿的阻燃型饰面板。为了与周围墙壁融为一体，将其粉刷成白色

────── 地板 ──────

橡木实木地板

古典陈旧橡木 No.1/14mm 厚 / Alberopro 株式会社

为了打造出陈旧木材一般的质感，使用手刨加工，用刨子将橡木削成板材。表面具有凹凸，触感柔软

E

F

────── 柱子・层架 ──────

钢铁

FERRODOR F33/3.2mm 厚、涂装：关西 PAINT

在作为结构体的 I 型扁钢和铁板层架上，涂装常使用于土木工程（桥等）的高耐久性 FERRODOR 涂料，呈现雾面质感，使其金属光辉历经岁月愈发耀眼

────── 厨房柜台 ──────

不锈钢

通过振动加工在表面抓出螺旋状纹理，无方向性，呈哑光

清水混凝土组合木材质感
打造富有变化的多面空间

　　在外形设计理念上，整栋房屋犹如一枚从原石中切割提炼而成的矿石。配合外墙的多面体形状，室内构造也十分复杂。大天窗使视野更为开阔，白色墙壁、木质地板、清水混凝土天花板的组合使该住宅成为一个兼具自然风情与厚重质感的独特空间。二层房间的一隅设置有半固定式混凝土造厨房，吸油烟机使用的不锈钢材料表面经过镜面处理加工，映照出周围物品，与空间融为一体。

生于地下的矿石之家

结构：RC 造（钢筋混凝土结构）
用地面积：44.62 ㎡
水平投影面积：31.11 ㎡
总建筑面积：86.22 ㎡
竣工年份：2006 年

天工人工作室
山下保博 + 仓水惠

摄影（左页）吉田诚／吉田写真事务所

天花板

清水混凝土

清水混凝土表面质地均匀，通过展示端部厚度突出坚实的质感

内墙

隔热涂装

多功能水性隔热涂料 隔热 /Aqua system
墙面使用白色隔热涂料涂装，使混凝土与木材之间质感差异的对比更为鲜明

地板

复合地板

EW8/15mm 厚 /AD WORLD
将新西兰辐射松的薄层浸染天然树脂使之着色后层积成型，再将锯切木皮作为地板表板

厨房柜台

清水混凝土

清水混凝土表面使用优丽坦涂装

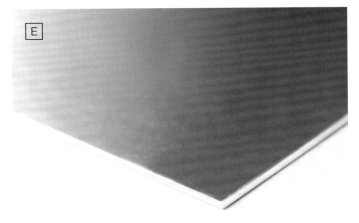

吸油烟机

不锈钢

1mm 厚 /Material House
为了降低吸油烟机的存在感，表面进行镜面加工处理

楼梯

钢铁

6mm 厚 / Material House
楼梯踏板使用钢板，表面进行深褐色 OP 涂装。扶手使用 φ27.2mm 的钢管，表面进行白色 OP 涂装

客厅·餐厅 living and dinning

餐厅·厨房 dinning and kichen

和室 Japanese-style room

浴室·厕所 bathroom and toilet

楼梯·走廊 stairs and corridor

其他房间 others

光线透过中空聚碳酸酯板内外墙
打造明亮轻快的空间

在安静的住宅区建造的三口之家。由于三个方向都与邻家相接，为了在保护隐私的同时保证室内明亮度，在四面外墙使用半透明的中空聚碳酸酯板（40mm 厚），这种中空层相比双层玻璃隔热性能更为优越。地板铺设杉木脚手板，天花板使用装饰清水混凝土模板浇筑而成，表面具有光泽。该房屋一年四季都能采入柔和的光线，让人感受到时间的推移流逝。

藤垂园之家

结构：S 造（钢架结构）
用地面积：135.69 ㎡
水平投影面积：69.36 ㎡
总建筑面积：208.08 ㎡
竣工年份：2012 年

SUPPOSE DESIGN OFFICE | 谷尻诚

摄影（作业）SUPPOSE DESIGN OFFICE

客厅・餐厅　living and dinning

餐厅・厨房　dinning and kichen

和室　Japanese-style room

浴室・厕所　bathroom and toilet

楼梯・走廊　stairs and corridor

其他房间　others

———— 天花板 ————

清水混凝土
使用装饰清水混凝土模板浇筑而成，表面具有能够反射出光线般
的光泽

———— 墙壁 ————

中空聚碳酸酯板
Lume wall/650mm 宽（40mm 厚）/TAKIRON
为了让一整块板材同时构成内墙和外墙，使用了 40mm 厚的中空
聚碳酸酯板

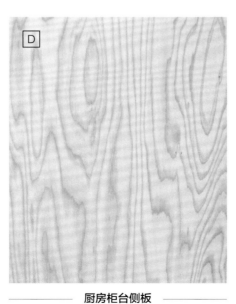

———— 地板 ————

杉木脚手板
15mm 厚
表面木纹较为粗糙，给简约的空间增添素材质感

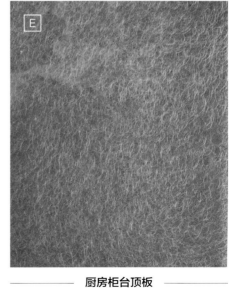

———— 厨房柜台侧板 ————

针叶树类木材胶合板
20mm 厚
配合地板木纹，侧板使用表面较为粗犷的木板

———— 厨房柜台顶板 ————

厨房柜台顶板
1.5mm 厚 / 振动加工
进行振动加工，在表面制造出螺旋状抓痕。不易
凸显刮痕，呈现出较为内敛的雾面质感

047

黑色地板及天花板上映着周围景色
犹如宽大的电影荧幕

该房屋整体相对地面下陷约 70cm，当人位于厨房内时，仿佛就伫立在包围着住宅地的柿子林之中。为了让人注意到室外的美景，室内装潢的色彩较为低调。灰浆地板及清水混凝土腰壁使用黑色环氧类涂料进行涂装。天花板使用结构用落叶松胶合板，表面使用 OSMO Color 黑色涂装。如果全部采用黑色涂装会使得空间明亮度下降，因此厨房柜台使用白色胶合板，并且隔板也被全部涂成白色。在夜晚，灯光从房子上部投射下来，使之成为间接照明。

柿子林的凹地家园

结构：木结构＋部分 S 造（钢架结构）
用地面积：270.67 ㎡
水平投影面积：85.87 ㎡
总建筑面积：90.79 ㎡
竣工年份：2010 年

Coelacanth and Associates

小岛一浩 + 赤松佳珠子

摄影（左页）堀田贞雄

A

B

———— 天花板·墙壁 ————

结构用落叶松胶合板

涂装：OSMO Color/ 一次涂装（黑檀色）/ 日本 OSOMO

与室外屋檐使用相同面材，使室内外产生连续性

———— 地板 ————

灰浆

涂装：水性 U-TACK（黑色）/ 日本特殊涂料

使用金属镘刀粉刷灰浆后，涂装难以剥落的地板用环氧类黑色涂料

C

D

———— 腰壁 ————

清水混凝土

涂装：DAISTAINDER 2000 A（黑）/ 大日精化工业

清水混凝土表面使用透湿防水性黑色环氧类涂料进行涂装

———— 木门 ————

结构用落叶松胶合板

涂装：CERA M RETAN（白）/ 关西 PAINT

为提高空间的明亮度，室内木门使用落叶松胶合板，表面施加具

有光泽的白色 SOP 涂装

通过使用镀铝锌钢板增强室内外的连续性

该住宅通过在屋顶、天花板及部分内墙使用镀铝锌波形压型钢板，来提高室内外的连续性。钢板是一种用途广泛的工业制品，为了展现其原有色调和质感，以及经年不变的稳定性质，该住宅在使用时没有对其进行其他加工。相对于室外，室内采用了波形较细的钢板，根据空间的不同规模调整其分量感。地板采用深色地板材料，打造出沉稳的氛围。

Rooftecture 盐屋

结构：S 造（钢架结构）
用地面积：130 ㎡
水平投影面积：50.3 ㎡
总建筑面积：65.7 ㎡
竣工年份：2005 年

远藤秀平建筑研究所

摄影（室内、外观）松村芳治

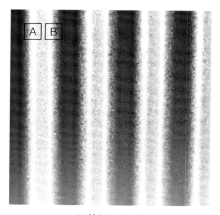

——— 天花板·墙壁 ———

镀铝锌钢板
0.4mm 厚
直接使用素材，保留工业制品的原有质感

——— 墙壁 ———

椴木胶合板
4mm 厚
椴木胶合板上进行两次米黄色类 OS 涂装，打造出朦胧的质感

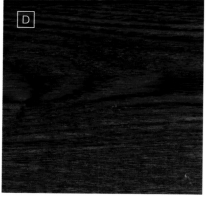

——— 地板 ———

地板材料
12mm 厚 涂装：哑光优丽坦清漆
涂装优丽坦清漆，表面不易刮伤及脏污，呈现出雾面哑光质感

客厅·餐厅　living and dinning

餐厅·厨房　dinning and kichen

和室　Japanese-style room

浴室·厕所　bathroom and toilet

楼梯·走廊　stairs and corridor

其他房间　others

2×4 方材连续拼接而成的墙壁 使室内外相连接

该住宅为扩建及改装木造住宅的案例。露台处利用大约 1000 块 2×4 方材排列成苇帘状格栅，每块方材的内侧及外侧都通过微妙的旋转或倾斜，使光线从缝隙中透进室内。餐厅和厨房的墙壁以及厨房柜台的腰壁都使用相同的表面材料，使室内外连成一体。室内使用的方材将短边倒角成 R 形。地板处配合整体空间，铺设同色系的地板材料。天花板处粘贴白色壁纸，使空间更加明亮。

Gather

结构：木结构
用地面积：120.27 ㎡
水平投影面积：69.80 ㎡
总建筑面积：135.03 ㎡
竣工年份：2009 年

宫本佳明建筑设计事务所

宫本佳明

摄影（室内）新建筑社摄影部（外观）宫本佳明建筑设计事务所

——— 天花板 ———

PVC 壁纸

SG-532/Sangetsu
在 9.5mm 厚石膏板上使用白色涂装风格的 PVC 壁纸

——— 墙壁 ———

2×4 方材

使用的方材竖向拼接后全长可达 2.8km。厨房柜台及陈列架都使用和格栅相同的表面材料

——— 地板 ———

地板材料

12mm 厚
铺设与 2×4 方材颜色相搭配的素木地板

蒲草芯材 + 白色灰泥 + 橡木
打造出传统日式的亲和氛围

　　自然流露出传统日式情趣的现代时尚内装。墙壁使用白色灰泥，天花板则采用茶室中常用的蒲草芯当作表面材料，并且使用格子门等，将传统的装潢元素集于一室。一方面，格子门和地板、厨房腰壁、家具都统一采用橡木材料，与蒲草芯材铺就的天花板十分相配；另一方面，厨房柜台使用雾面质感的白色人工大理石，与空间浑然一体。另外，天花板处使用的天然素材，还具有优越的吸音及调湿效果。

紫薇之家

结构：RC 造
（钢筋混凝土结构）＋部分木结构
用地面积：830.14 ㎡
水平投影面积：374.25 ㎡
总建筑面积：455.49 ㎡
竣工年份：2012 年

井上尚夫综合计划事务所　｜　**井上尚夫**

摄影（左页）VIBRA PHOTO / 浅田美浩

天花板

蒲草芯单板
蒲草芯（萨摩芦苇）单板 /112/W900×L1,800mm（6mm 厚）/ 佐佐木工业）
对半切割而成的蒲草芯紧密排列粘贴而成的单板使空间充满了传统日式情趣

墙壁

灰泥
日本 PLASTER
石膏板上粗略涂抹灰泥，用刷毛拖拽出纹理

地板

橡木三合板
OSMO 三合板 /D40 天然橡木 /W150×L1,800mm（15mm 厚）/
日本 OSMO 涂料：OSMO Color Woodwachs/ 日本 OSMO
为发挥橡木表面纹理效果，使用天然护木油进行涂装

厨房柜台

人工大理石
PIENO(Mellow white)/AW-01M(雾面处理)/ 涉谷工业株式会社

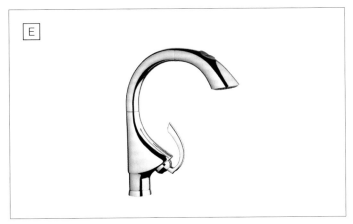

厨房水龙头金属零件

厨房水龙头金属零件
K4(K Four) 单把混合阀龙头 /32668 000/GROHE JAPAN
可以切换冷、热水，龙头喷嘴往前突出

门

橡木
5880×2000（40mm 厚）涂装：OSMO Woodwachs/ 北野建设（晴海建设）
特别定制而成的橡木推拉式格子门

客厅·餐厅 living and dinning
餐厅·厨房 dinning and kichen
和室 Japanese-style room
浴室·厕所 bathroom and toilet
楼梯·走廊 stairs and corridor
其他房间 others

柔和承接室外光线的
OSSB × 椴木胶合板墙面

主立面使用了有孔折板的三层房屋。室内墙壁表面主要使用了以麦秸纤维为主原料制成的 OSSB（定向结构麦秸板）及白色涂装的柳桉木胶合板，地板则铺设宽尺寸械木复合地板。通过使用富有自然气息的素材，展示出与房屋外观迥异的风情。正对着餐厅·厨房的挑高空间上方设置有天窗，使墙面的麦秸纤维更添几分微妙的韵致。

Rooftecture
大阪天满

结构：S 造（钢架结构）
用地面积：55.3 ㎡
水平投影面积：44.0 ㎡
总建筑面积：127.7 ㎡
竣工年份：2012 年

远藤秀平建筑研究所

摄影（左页）Stirling Elmendorf

——— 天花板 ———

椴木胶合板

6mm 厚 涂装：浸透性防腐涂料
在经过阻燃处理的椴木胶合板上，两次涂装浸透性防腐剂

——— 墙壁 ———

定向结构麦秸板

定向结构麦秸板 OSSB（Natural）/6mm 厚 /AD WORLD 涂装：
防水蜡
涂装透明蜡体，让表面展现麦秸原有纹理质感

——— 地板 ———

槭木复合地板

Euro Plank145/12mm 厚 /SANWA Company
采用椴木胶合板及与麦秸板色调相搭配的槭木复合地板

——— 外墙 ———

有孔折板

0.6mm 厚、φ13mm（定制孔径）/ 日创 PRONITY
直接使用通过弯曲加工厚度强度提高的镀铝锌钢板。在阻断外来视线的同时，
通过表面设置的小孔保持通风和透光，从而保持室内外的连续性

客厅・餐厅　living and dinning

餐厅・厨房　dinning and kichen

和室　Japanese-style room

浴室・厕所　bathroom and toilet

楼梯・走廊　stairs and corridor

其他房间　others

地板・墙壁・天花板描绘出自然弧线
表面使用粗犷自然的灰泥及木材材料

　　处于大自然怀抱中的住宅。可以随着不同季节，欣赏植物的开花结果。房屋的多个方向都设置有开口部，光线从中射入，随着天气变化及时间推移，微妙地分布在墙壁及天花板的不同部位。屋顶被设计成弧形的，仿佛在呼应四周的群山，其结构同时也反映在裸露的天花板上。墙壁则是房屋主人在泥水匠的初步教导下亲手粉刷的灰泥墙。餐厅・厨房处的地板表面粉刷灰浆，其他地方则铺设赤松实木地板。

MOH

结构：木结构
用地面积：568.09 ㎡
水平投影面积：128.96 ㎡
总建筑面积：127.36 ㎡
竣工年份：2012 年

aat+ Makoto Yokomizo architects Inc. 一级建筑师事务所
Makoto Yokomizo

摄影〔室内〕坂口裕康 A to Z〔外观〕一级建筑师事务所 aat+ Makoto Yokomizo architects Inc.

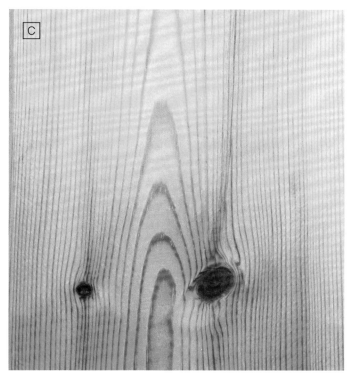

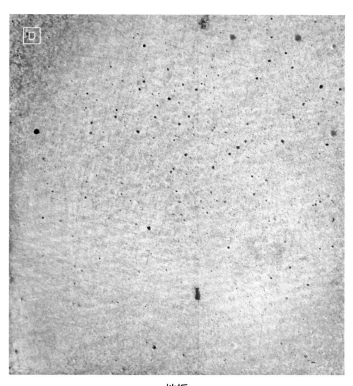

客厅·餐厅　living and dinning

餐厅·厨房　dinning and kichen

和室　Japanese-style room

浴室·厕所　bathroom and toilet

楼梯·走廊　stairs and corridor

其他房间　others

—— 天花板 ——

SPF 材（2×12 材）
木材横截面尺寸为 38×286mm
为了让室内也反映出屋顶的弧形结构，象征性地显露出结构材

—— 墙壁 ——

灰泥
白壁霜（白色）/ 水土社
采用了当地企业水土社自主开发出的 100% 天然灰泥素材

—— 地板 ——

赤松实木地板
130×1800mm（20mm 厚）涂装：蜜蜡
特别定制的宽尺寸厚地板。表面涂装蜜蜡

—— 地板 ——

灰浆
Hardener Liquid/ 美洲兴产
用金属镘刀粉刷灰浆后，表面涂装浸透性混凝土表面强化剂，使
表面平整光滑，具有光泽

水曲柳 + 芦苇 + 硅藻土等天然素材
打造出传统木造建筑的摩登装潢

　　瓦葺屋顶的纯和风建筑。室内运用日本传统建材，餐厅空间摆放椅子，装潢具有摩登气息。地板铺设木纹低调、斑纹较少的水曲柳地板。椅子脚的制作材料选用了强度较大的树种，即使碰撞也不易磨损，并在表面涂装 OSMO Color 透明哑光涂料。天花板铺设芦苇制成的天花板材料，散发着柔和气息。墙壁粉刷混合有日本寒水石的硅藻土泥水材料，使空间整体的素材保持统一色调。

风突之家

结构：木结构
用地面积：927.55 ㎡
水平投影面积：165.83 ㎡
总建筑面积：220.49 ㎡
竣工年份：2011 年

横内敏人建筑设计事务所　｜　**横内敏人**

摄影（左页）横内敏人建筑设计事务所

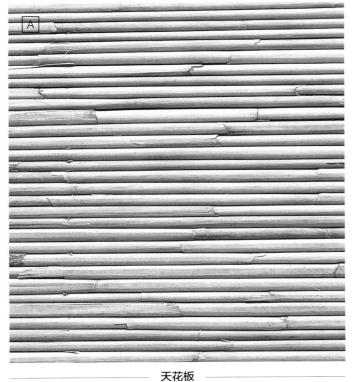

------------ 天花板 ------------

芦苇单板

B-156-1/910×1820mm（12mm 厚）/ 竹六商店

将芦苇排列粘贴而成的天花板材呈现在眼前。与地板材一样，其色泽经过岁月沉淀后将愈发深远浓烈，能够使房间保持明亮的色调

------------ 墙壁 ------------

硅藻土

Sill Touch SN 工法 NO.217/ 藤原化学

具有吸湿性的硅藻土泥水材料。混入寒水石使其质感增添厚重感

------------ 地板 ------------

水曲柳实木地板

FA1021/130×1820mm（15mm 厚）/Cobot/ 涂料：OSMO Color(Extra Clear)

130mm 和宽幅实木材上涂装透明 OSMO Color 涂料

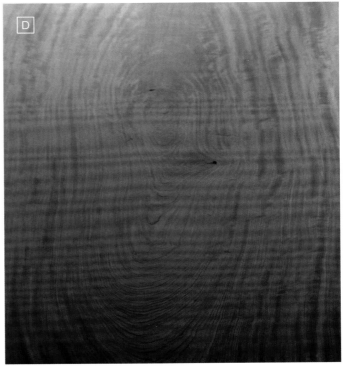

------------ 餐桌 ------------

西非檀木

Bubinga 950×2450mm（33mm 厚）

该餐桌使用具有深色条纹的大尺寸整张西非檀木实木板制成。西非檀木是由房主提供的材料

纳 谷 学 ＋ 纳 谷 新
Manabu Naya ＋ Arata Naya

将空间染白的理由

反复设计中不断增多的"染白"案例。
让我们就素材挑选中的设计理念探其根底！

绫濑家的住宅（2010）在 OSB（欧松板）上进行白色涂装，使空间散发柔和气息

摄影 吉田诚 / 吉田写真事务所

洗足池的住宅（2011）
白色天花板犹如宽大的电影荧幕，映照出庭院绿植及美景
摄影 纳谷建筑设计事务所

何为住宅应有的姿态?
在思考中摸索出的"白色"素材

我们设计的住宅总被赋予一种"白色"的印象，同时我们也觉察到委托我们新工作的房主们也在期待着这一点。当然，我们并非觉得住宅就应当是"白色"的，更不会强行将其设计成"白色"的。虽说如此，实际上对于"白色"这种色调，我们有着一定的执念。

距今约20年前，我们成立了设计事务所。但是在此之前，我们两人就一直在共同探讨着住宅应有的姿态这一问题。委托建筑家设计住宅的房主之中，有的人甚至是以自己的退休金作为担保，可以说是抱着破釜沉舟的决心。但是他们做出这种决断，是因为觉得自己的目的不是要打造出一个属于建筑家的作品。所以，从某种意义上说，我会有这样一种担心:假如对委托人言听计从，建筑家会不会失去自己的创造性，沦落为一个单纯的设计者呢?

对这个问题进行思考后，我得出的答案是，总之先降低门槛，对更多的人敞开我们的大门。"家的设计应当以居住者为主角"，从那时开始，我们就一直坚持着这种理念，从未改变。在此过程中，我们经常使用"白色"，我想这也是一种自然而然的结果。

辉映生活的
白色帆布

人是住宅的主角，日常生活则是 ren 的中心。当我们仔细翻阅"生活"的书卷之时，会发现这其中不仅仅是衣食住行，它还描绘着形形色色的人，比如阅读书籍的人、爱听音乐的人、追求装潢设计和家具品味的人等。从日常用品到食物，空间中摆放的所有物品都有他们自己的"色彩"。所以我想，如果将住宅设计成"白色的帆布"一般，是不是十分相称呢?在白色墙壁的前方，不管是摆放古董柜橱，还是放置时尚的玻璃桌，都能自然构成一幅画卷。白色是一种去除一切冗余、十分中立的颜色。基于这种想法，如果委托人没有提出具体的要求，我们一般都会建议将空间设计成"白色"。

只不过，我们必须近乎啰唆地解释，即使是同样的脏污，白色都会比其他任何一种颜色凸显污迹。另外，被纯白的空间所包围时，人也会感到审美疲劳。因此我们的倾向是，不做剑走偏锋、装腔作势的时尚，而是用白色打造出一种圆润温和的时尚。

拓展白色内涵的
涂装方法

墙壁的表面大多会进行涂装。相比粘贴 PVC 壁纸，墙

山王的住宅（2012）
白色的天花板可以反射一部分照明的灯光
摄影　吉田诚／吉田写真事务所

壁涂装的费用是其数倍，有时还会产生裂缝现象。但是我们一般会坦率地建议委托人，"涂装的墙壁比 PVC 壁纸更加美观"。如果舍不得在这种"刀刃"上用"好钢"，那么建筑物的质量也会相对有所下降。

用 PVC 壁纸粘贴墙壁时，空间就仿佛贴上了一层包装纸，总会让人感觉到些许寂寞。时间久了，壁纸还有可能产生卷边或者是接缝部分变色等问题。由于壁纸是量产产品，一旦突然停止生产，也会叫人十分头疼。

选用涂装的最大的理由，是可以制造出带有微妙色调的白色墙壁。比如，我们可以在墙壁中加入些许蓝色或红色颜料。当色调偏向蓝色时，墙壁会给人冰冷的印象；而当色调靠近红色时，则会打造出米黄色系的柔和效果。即使没有人能注意到我们在这其中下的这种"小功夫"，但是却能使在这空间中居住的人不由地感到舒适安稳。这种微妙感，是无法从小小的样品中尽情体会出来的。我们建议尽量通过大面积的涂装样品进行决定，然后再在施工现场进一步调整。

如上所述，尽管是使用白色，由于面积较大，我们也并不是在主张仅仅使用单纯一种颜色。另外，白色还有反映及凸显底材的色调及纹理的效果。比如，在石膏板上涂装的白色与在 OSB（欧松板）上涂装的白色具有完全不同的效果。因此，涂装时还应当注意涂料之外的素材质感。

另外，改变涂料光泽的情况也十分常见。比如，想要使外来光线流转于空间之中时，需要充分考虑光的反射情况，在窗台下方涂装光泽涂料，其他三边则涂装哑光涂料等。从实用性上来说，手触碰后容易脏污的开关周围应当使用光泽类涂料，而手难以触及的地方则大多使用哑光类涂料。

结合居住者心理来操纵色彩

以"南加濑的住宅"为例来说明一下这种细小的操作。我们有时会同时涂抹好几种与白色相近的颜色，比如淡绿、淡粉、淡橙、淡蓝这四种颜色。那是一栋在面阔约 4m、纵深约 9m 的地皮上建成的三层式带阁楼房屋。房间与楼梯分别使用了不同的颜色，从而打造出纵深的感觉。

色彩具有影响人心的力量，我们也有将这种色彩心理运用到空间中的案例。客厅使用偏绿的白色，能让人感到舒适安稳；进餐用的餐厅使用泛红的白色，可以让食物显得更加美味；卧室则使用带有蓝色的白色，可以让人安神宁心。每个空间都使用具有微妙差异的颜色，这种效果很难通过照片传达出来，但是却能使身临其境的人感受到"简约而不冰冷"。我们一直坚持在居住的便利性、舒适性及带给人好心情的基础上来挑选材料。这是一种能够决定空间印象的巨大的力量，通过最大程度发挥这种力量，可以更加丰富建筑的可能性。

南加濑的住宅（2010）
使用 4 种不同的白色构成空间
摄影 吉田诚 / 吉田写真事务所

本八幡的住宅（2011）
极力使构件材料不显露于表面，空间简约大方
摄影 吉田诚 / 吉田写真事务所

保持装潢美观的
"暗功夫"

可能很多人都认为白色空间是十分容易打造的，但是要剔除掉地板、墙壁、天花板的附加要素却是一个出人意料的难题。实际上我也为此暗地吃了不少"苦头"。

举一个浅显易懂的例子，我们需要从表面极力消除踢脚板和挂镜线的存在，以免妨碍白色空间。另外，每个构件材料的精度也十分重要。在白色的空间中，如果材料不是笔直的，墙壁和天花板只要有稍许的歪斜，就会暴露无遗。

这其中让人最为纠结的部位莫过于天花板。天花板建议尽量保持简洁，它不像地板一样需要放置物品，是住宅中唯一一块能够一直保持崭新如初的地方。要保证房间的美观，就必须保持天花板的整洁。

除了涂装之外，经常使用的白色材料还有用于柜台顶板的人工大理石、用于定制家具的波丽板和美耐板、用于门窗的 Warlon（和风透光树脂板）、玻璃、薄膜等。虽然概而言之为"白色材料"，但是其种类十分丰富。

但是，这并不是说我们要局限于白色。根据房主的不同喜好，我们也会在地板使用不同的树种及色调。就像我多番赘述一般，人才是生活的主角，因此不要让住宅"喧宾夺主"，要从如何保证舒适的居住出发来挑选材料。

纳谷学（Naya Manabu）

生于日本秋田县。1985 年毕业于艺浦工业大学。曾先后任职于黑川雅之建筑设计事务所及野泽正光建筑设计工房。1993 年成立纳谷建筑设计事务所；2005 年起任昭和女子大学外聘讲师；2007 年起任艺浦工业大学研究生院外聘讲师；2008 年起任日本大学外聘讲师。

纳谷新（Naya Arata）

生于日本秋田县。1991 年毕业于艺浦工业大学。曾任职于山本理显设计工场，1993 年成立纳谷建筑设计事务所；2005 年起任昭和女子大学外聘讲师、东海大学外聘讲师；2008 年起任艺浦工业大学外聘讲师。

大地色之王道
——千变万化的土墙

只有被眷顾的土地才能生产出可用于制作泥水材料的泥土。
以下为您介绍几种通过精细工法制作出的色泽美丽的泥土。

协力＿西泽工业

说到代表性的泥水材料，果然还是当属"泥土"。土墙具有优越的调湿及隔热性能，由于适合日本的气候风土，因此很久以前就被用作建筑材料。其多彩的表面效果及深邃的内涵韵致也颇具魅力。泥水材料用的泥土一般采用来自山地或工场现场的高粘性天然原土，将其磨碎制成粉状。具备黏性土质及色调的"有色泥土"只能在限定区域才能采集得到。其中，京都兵库地区生产的"本聚乐土"和"稻荷山土"品质最为上乘，近年来由于产量下降，其价格不断走高。性价比较好的则有爱知县生产的"白土"与"黄土"。一般而言，根据产地的不同，有色泥土会被赋予不同的名字，但性能基本一致。和颜料一样，通过混合有色泥土可以创造出新的颜色。

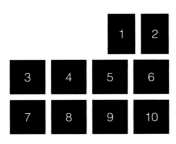

以下均为"天然土墙辉夜姬"的不同色系泥土。
1. 荒木田土（G-1）作为毛坯墙的土而被广为人知。
2. 赤城的赤土（G-7）略微泛红。
3. 中国黄土（G-12）中国产泥土，略微泛黄。
4. 冲绳原土（G-17）冲绳产褐色系泥土。
5. 鹿沼土（G-16）略微泛黄的白色土壤。
6. 纯白土（G-9）类似灰泥的纯白色土壤。
7. 砖瓦黏土（G-13）散发时尚气息的深褐色土壤。
8. 红土（G-11）略微泛紫的颜色，具有深度。
9. 秩父窑土（G-10）颜色发灰。

10. 榛名的黑土（G-6）纯黑色表面。
标准涂层均为 2~3mm，参考价格：6500 日元 / ㎡
（此为使用镘刀涂抹时的价格。根据底材的不同，价格有所变动）

和室
Japanese-style room

现如今，以和室为主的住宅正在减少，然而家有幼儿或者留宿来客时，铺设榻榻米的房间则会显得格外便捷。另外，如果居住者有饮茶的爱好，还可以设置带有茶炉的茶室，这将成为提高住宅品味的一大要素。和室大多使用天然素材进行表面润饰，关键是要打造出一个可以放松身心、平稳宁静的空间。设置和室时，一般要搭配其他房间的氛围；或是反其道而行之，将和室与其他西式房间划清界线，打造成日式传统装潢风格。

和室的基础知识

在数世同堂或是家有幼儿的家庭，或是要接待来客时，和室使用起来十分便捷。装潢方面，最重要的是需要判断清楚是要统一成和式风格，还是使之与西式房间相调和。

和室的用途

和室是指有着日本特有的传统摆设的房间。一般指的是铺有榻榻米的房间整体，有时还会在壁龛及其与外部的中间领域设置檐廊。和室有着不同的用途，比如和室大多采用推拉门或是隔扇进行隔间，根据居住者的需要可以连通房间；或是可以通过收放日式炕桌使其作为接客室或餐厅；或者铺上棉被作为卧室等。另外，如果若居住者有饮茶的爱好，还可以设置为专用茶室。

统一和室装潢的方法

和室的本来魅力就在于在宽敞的榻榻米空间内用隔扇进行隔间，使得空间具有可变性。我们可以将地板处粘贴的部分地板材料替换为可作为沙发的榻榻米，或是将榻榻米房间设置成西式房间的延续，或是设置一个诸如茶室之类的完全不同的空间。究竟是设置一个传统的和室，还是打造出一个具有现代感的和室，决定方针时应当考虑清楚，尽量避免半途而废。认真反省自己建立和室房间的目的，也是一件十分重要的事情。

与西式房间相连时，为了与其保持协调，和室可以采用不显露柱子的隐柱墙，使墙壁和天花板与西式房间保持相同的表面润饰风格；或者通过可透视的推拉门及苇帘连

通空间；或者通过地板高度差及垂壁分割空间，将和室打造成一个风格迥异的空间。将和室作为卧室时，有时会让其地板比周围高出一截。另外，当地板下面有充足的空间时，一般会在下方设置嵌入式被炉。

房间的面积用榻榻米的张数进行表示。比如1张榻榻米大小、2张榻榻米大小等。其尺寸规格较为模糊，分为京间（约1910mm×955mm）、中京间（约1820mm×910mm）、关东间（约1750mm×880mm）、团地间（约1700mm×850mm）等。由于房间尺寸限制导致榻榻米无法完整铺设时，可以在其周围张贴壁龛地板进行调整，或者铺设藤织地垫以代替榻榻米等。另外，如果使用没有布边的榻榻米，就不必太过担心此问题。当和室内使用推拉门时，骨架的尺寸及比例会给空间造成很大的影响，因此需要谨慎考虑。

当分配给和室的预算较为充足、想要将其打造成纯正日式传统风格的空间时，需要委托工艺精湛的工匠，并使用品质上乘的材料。统一木材的朝向，并且遵循惯用的各尺寸规格及倒角方式，能够使和室空间保持更好的平衡。特别是在壁龛装饰柱、壁龛地板及榻榻米席面等显眼的场所，只要使用恰当的材料就能打造出良好的效果。如果想要打造成具有西式风格的和室，可以在地板处使用没有布边的正方形榻榻米，并搭配铺设胡桃木等实木地板材料，

| 1 | 2 | 3 |
| 4 | 5 | 6 |

1. 有布边的普通榻榻米。布边的颜色及花纹种类十分丰富。2. 无布边的榻榻米。使用结实的灯芯草细编而成的目积席面是其特征。3. 使用金属镘刀将纯白色灰泥粉刷成平整表面。4. 混入大量稻秸麻刀制成的土墙，散发着粗犷气息。5. 棋盘花纹的天花板席面材料。使用杉木直木纹理单板（0.3mm 厚）编制而成。6. 以楮木为原料制成的手抄和纸。照片中材料具有通透感，光线穿透后打造出丰富的表面效果。

在墙壁及天花板处使用泥水材料等，使和室与其他房间保持协调。另外在天花板处粘贴和纸，打造成全吊顶天花板，也是一种饶有趣味的处理方法。

如果和室的预算并不充裕，则建议使用普通的榻榻米。尽量选用没有华丽的刺绣等较为低调的榻榻米布边，墙壁及天花板可以使用纸质壁纸或者涂装等简约润饰。想要进一步突出日式风格的话，还可以在天花板处粘贴价格较为低廉的芦苇板。当住宅无法保证充足的房间数量时，将和室兼作客厅、餐厅或卧室等，也不失为一种好办法。

挑选及统一表面材料的方法

和室主要是由日本生产的天然素材构成，地板一般都铺设榻榻米。榻榻米一般是由灯芯草编织而成的榻榻米席面包裹着榻榻米芯、并缝合榻榻米布边制成的。由于具有冬暖夏凉的特点，榻榻米十分适合以席地而坐为主的和室房间。最近，榻榻米芯由传统的稻秸芯替换成了质地轻盈、不易生虫发霉的聚苯乙烯泡沫塑料板，只在单面张贴席面的榻榻米也正在成为主流。另外，冲绳还有使用质地坚韧的灯芯草编制而成的无布边榻榻米。虽然其价格较高，但是是一种和风与洋式皆可通用的素材。另外，和室里还经常使用日本特产侧柏等木材地板及藤织地垫等。

墙壁除了使用泥土、灰泥、硅藻土等涂装类墙壁以外，还会经常使用唐纸或银箔纸等种类丰富的和纸。天花板大多使用细长条填缝木板，也有梁撑天花板、泥水材料、和纸及价格高昂的席面材等。推拉门使用的纸基本为和纸，也有质地结实且不易脏污的塑料和纸（按其产品名多被称为"Warlon"）。如果使用苇帘代替纱窗门，可以极大地增强和室的氛围。

和室的日常基本保养主要是靠打扫和擦拭等清洁工作。建议最好在天气良好的时候晾晒榻榻米，推拉门及隔扇需要定期更换纸张。

在玄关等场所设置土间时，除了日本石材以外，还可使用在泥土中混入消石灰及盐卤的三合土，以及混合灰浆与碎石制成的水洗卵石等材料，可以使空间更为协调统一。

照明的设计想法

在细木材或细竹条边框上粘贴和纸制成的照明灯具，不管将其作为壁灯、吊灯还是台灯，都能自然搭配和室风格，与其融为一体。除此之外，它还适用于吸顶灯及间接照明等只展现光线、风格沉稳的照明方式。若使墙壁的质感看起来更为美观的话，便能打造出品味高级的氛围。

（执笔：村上太一）

客厅·餐厅 living and dinning

餐厅·厨房 dinning and kichen

和室 Japanese--style room

浴室·厕所 bathroom and toilet

楼梯·走廊 stairs and corridor

其他房间 others

综合素材的质感与阴影
打造出和室的装饰风格

　　该和室通过采光方法、阴影的呈现手法以及设置开口部撷取窗外美景，凸显出素材的深度与雅致。天花板加工成席面风格，地板处铺设榻榻米，并在其周围粘贴经过燻制与凹凸加工的板材。照片正面的墙壁采用石板瓦，其上方粘贴具有纺织物壁纸及碎纹色织布花样的铝箔。天花板和地板注重作为平面的构成之美，墙壁则保持着多样的素材感，并且通过扫除窗加入窗外绿植美景以代替壁龛，打造出和室的装饰风格。

双面之家

结构：木结构＋部分 RC 造
（钢筋混凝土结构）
用地面积：552.50 ㎡
水平投影面积：220.71 ㎡
总建筑面积：498.49 ㎡
竣工年份：2011 年

KEN 一级建筑师事务所　　|　　**甲村健一**

摄影〔左页〕铃木研一

――――――――― 天花板 ―――――――――

白色橡木地板材
白色橡木实木地板材 57/FWKR11-122/18mm 厚 /Arbor 植物油
涂装 /MARUHON
特别定制的白色橡木实木材，表面加工成席面风格箭翎图案

――――――――― 天花板 ―――――――――

橡木木皮板
UNFRERE 橡木 /0.23mm 厚 /BIG WILL
天然木材加工而成的特薄阻燃型薄板。连同底材横截面也一并包
入，使其看似整块实木板

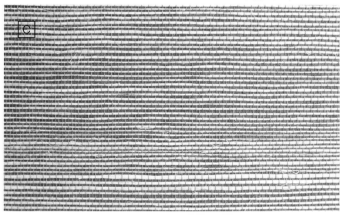

――――――――― 墙壁 ―――――――――

纺织物壁纸
SC-5031(现已停用)/Sangetsu
使用表面粗糙自然的纺织物壁纸

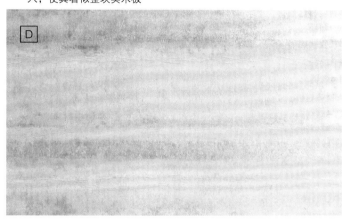

――――――――― 墙壁 ―――――――――

和纸壁纸
铝屑白横条纹 /KP2147/KAMISM
使用贴满铝箔的和纸，散发出高级质感。铝箔的接合部位（铝屑）
散发着古雅韵致

――――――――― 墙壁 ―――――――――

石板瓦
Arrston(新绿)/ESS-400S/415/400mm 见方
（10~20mm 厚）/LIXIL（INAX）
石面纹理不均、色泽偏绿的天然石板瓦。
发挥了素材的阴影效果

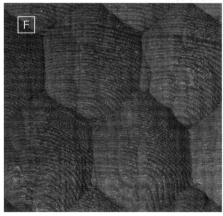

――――――――― 地板 ―――――――――

Thermo Wood Flooring
Thermo Ash/15mm 厚 /ENBC/ 涂装：OSMO 一
次涂装 +Floor Clear
地板表面经过热处理加工后形成的汤匙状花纹

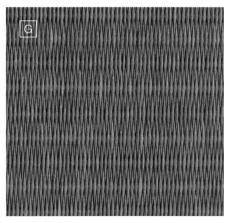

――――――――― 地板 ―――――――――

无布边榻榻米
SUKOYAKAKUN 清流（栗色）/YQ1211-
123/840mm 见方（50mm 厚）/ 大建工业
细密编制而成的栗色目积席面

客厅・餐厅　living and dinning
餐厅・厨房　dinning and kichen
和室　Japanese-style room
浴室・厕所　bathroom and toilet
楼梯・走廊　stairs and corridor
其他房间　others

京唐纸推拉门 + 栗色榻榻米布边
打造出品味雅致脱俗的和室

该和室设置在西式房间的正对面，中间隔着庭院，设计时十分注重保持空间的协调。天花板铺设杉木板材，散发着现代感与简约气息。考虑到席地而坐时人的视线高度，设计时十分注重地板的宽敞感。炉端使用栗木宽幅板材以代替炕桌。为了使室内光线不过于明亮，将推拉门设置在腰壁，并粘贴京唐纸作为空间的亮点。为搭配朴素自然的氛围，室内使用无边框隔扇，并在上方安装由烟熏竹加工而成的把手。

帝塚山的半庭院式住宅

构造：RC 造（钢筋混凝土结构）
用地面积：274.024 ㎡
水平投影面积：107.99 ㎡
总建筑面积：195.20 ㎡
竣工年份：2008 年

横内敏人建筑设计事务所　┃　**横内敏人**

摄影（左页）相原功艺术工作室

客厅 · 餐厅　living and dinning

餐厅 · 厨房　dinning and kichen

和室　Japaneese-style room

浴室 · 厕所　bathroom and toilet

楼梯 · 走廊　stairs and corridor

其他房间　others

──── 天花板 ────

天龙杉木

2,400mm × 180mm（18mm 厚）

使用心材与边材界线分明的实木大芯板。檐头的杉木板材通过玻璃楣窗直接与和室天花板相连

──── 腰壁 ────

京唐纸

兔桐 / 唐长

在红豆色唐纸表面上用云母按压出花纹

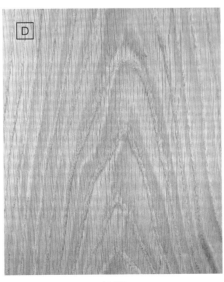

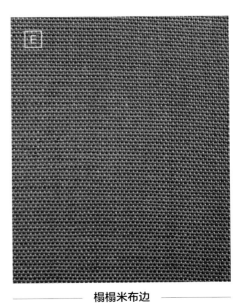

──── 隔扇把手 ────

圆竹把手

圆烟熏竹竹节 /7299/ 大 / 室金物

在没有边框的隔扇上，安装经过燻制的竹节加工而成的把手

──── 炉端 ────

栗木实木材料

200mm × 700mm（75mm 厚）

在和室中心挖砌地炉，并在炉端使用栗木宽幅板材

──── 榻榻米布边 ────

棉布边

特性光辉 / 栗色 / 石田织布

品质优良、质地坚韧的棉布边。搭配腰壁和纸颜色，榻榻米选用了栗色布边

京壁 + 薄木片板 + 面皮柱
传统天然素材打造的茶室韵味

　　该茶室约有 3 张榻榻米大小，使用了日本自古以来常用的天然素材，也能与现代空间相协调。由于天然素材具有吸音效果及调湿性能，因此也是能使空间更为舒适沉稳的材料。虽然房间没有采用京间尺寸，而是关东间尺寸，但是为了保证茶室的规模感及各要素，其内侧尺寸及表面材料都以不审庵（日本京都的著名茶室）为参照，使用了可以入手的材料。另外将已经拆卸的住宅中的茶室使用过的杉木面皮柱用在关键位置，可以使茶室散发出仅仅使用新材料所无法造就的古朴韵致。

紫薇之家

结构：RC 造（钢筋混凝土结构）+ 部分木结构
用地面积：830.14 ㎡
水平投影面积：374.25 ㎡
总建筑面积：455.49 ㎡
竣工年份：2012 年

井上尚夫综合计划事务所　|　**井上尚夫**

摄影（左页）VIBRA PHOTO/ 浅田美浩

平顶天花板

梁撑天花板

天花板支撑梁 27mm × 36mm，间距 306mm

通过张贴茭白表现出草木森森的茶室风情。茭白是群生于水边的禾本科植物。天花板支撑梁使用了加工成直径为 36mm 的晒竹，显得十分纤细

挂入式天花板

薄木片板（樱木、直木纹）

选用了略泛褐色的樱木。薄木片板是指顺着木头纤维削薄的木片。板条骨架使用的是直径为 12mm 的矢竹，装饰椽子使用的是直径 45mm 的晒竹，间距为 400mm

墙壁

京壁

涂层厚度：3mm 左右

混合细碎稻秸麻刀的土墙。外表朴实自然，具有品味

腰壁

凑纸

美浓纸 / 榛原

为保护墙壁在客座上粘贴一种名为"凑纸"的和纸。点茶座上选用含有大量楮木的手抄和纸——蓝色美浓纸

地板

榻榻米

880mm × 1760mm/60mm 厚

铺设有关东间尺寸的榻榻米。榻榻米芯、榻榻米席面都使用特级品。榻榻米布边采用深绿色棉纱制品

壁龛地板

赤松木皮板

30mm 厚

在表面粘贴赤松木皮的胶合板。木皮中央为斜纹理，两端为直纹理。斜纹理使木皮表面显得富有生机，如同整块实木板材

壁龛装饰柱

档锖圆木

细端 φ75mm

具有黑色斑纹的日本侧柏整根圆木。从产地采伐下来后不直接运出，而是将其树皮剥下，放置在山中，使得表面发霉呈现锈迹，散发出古朴老练的气息

隔扇

和纸

天鹅之子

在隔扇的两面如同糊太鼓一般糊上质地结实、朴实无华的和纸。为了使其保持低调沉稳，隔扇采用白色为底色；没有采用金属制品把手，而是将隔扇上方的和纸格子作为把手

组合质感细腻的天然素材
使和室与西式房间相调和

公寓翻新的案例。保留现有的红砖墙，使用与其相搭配的表面材料，打造出具有素材感的空间，并通过餐具橱柜使和室与客厅连为一体。和室入口下横框处使用经过凿削的橡木地板，边框接合部位呈 45 度角，完全隐藏住木截面，打造出实木一般的块状整体感。通过在墙壁粉刷略带象牙色的白色灰泥，在天花板上粘贴天然素材壁纸等，将质感细腻的天然素材组合在一起。

大仓山的白蜡树之房

结构：RC 造（钢筋混凝土结构）
总建筑面积：约 100 ㎡
竣工年份：2011 年

一级建筑师事务所 村上建筑设计室
村上太一＋村上春奈

摄影（左页）渡边慎一

──── 天花板 ────

涂装底材壁纸
Runafaser Tips/NO.20/75/ 日本 Runafaser
使用再生纸及木片为原料的天然素材壁纸。表面具有细微凹凸感，
适合搭配砖瓦之类厚重的素材

──── 墙壁 ────

灰泥
聚苯乙烯泡沫塑料表面拖拽加工
用泡沫板（挤塑聚苯乙烯泡沫板）代替木制镘刀横向拖拽表面灰
泥，打造出粗糙自然的质感

──── 固定橱柜门 ────

椴木胶合板
OSMO Color 表面涂装
使用厚 4mm 的胶合板制成的平板门。在犹如橡木一般具有深度
的颜色上涂抹天然涂料

──── 地板 ────

榻榻米
850mm × 1,700mm
布边使用没有加入织纹的简约款式榻榻米

──── 下横框 ────

橡木地板
欧洲橡木 实木地板 凿削 150mm × 2,000mm（21mm 厚）/
MARUHON
在表面凿削加工锐角几何图案。客厅地板铺设宽幅水曲柳地板

──── 纵向格栅 ────

云杉木
1,650mm × 100mm × 20mm、@50mm/ OSMO Color 表面涂装
在固定式柜橱上设置纵向格栅，自然分割客厅与和室空间。表面
涂装颜色，搭配固定式柜橱，使之融为一体

客厅·餐厅   living and dinning
餐厅·厨房   dinning and kichen
和室   Japanese-style room
浴室·厕所   bathroom and toilet
楼梯·走廊   stairs and corridor
其他房间   others

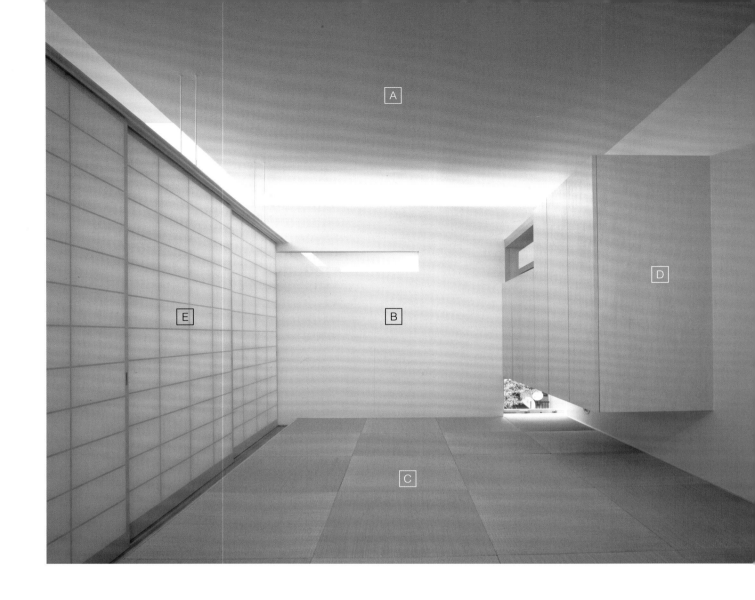

最小化素材的边框周围
以搭配白色无机质空间

此住宅室内墙壁的装修，基本上是使用经过涂装的石膏板。在这个抽象的箱状空间的一角，设置有推拉门和榻榻米等传统素材，将其打造成和室。一方面它们的质感打造出了和室独有的沉稳静谧，另一方面它们又是为这个箱状空间赋予生活感的素材。通过最小化素材的边框周围细节，比如在推拉门两面如同糊太鼓一般糊上白纸以隐藏住门框，使用没有布边的榻榻米等，使得住宅整体氛围自然调和成一体。

Stesso

结构：RC 造（钢筋混凝土结构）+
部分 S 造（钢架结构）
用地面积：64.73 ㎡
水平投影面积：64.73 ㎡
总建筑面积：125.71 ㎡
竣工年份：2007 年

空间研究所 ┃ **筱原聪子 + 田野耕平**

摄影（左页）Toshiharu Kitajima

A B

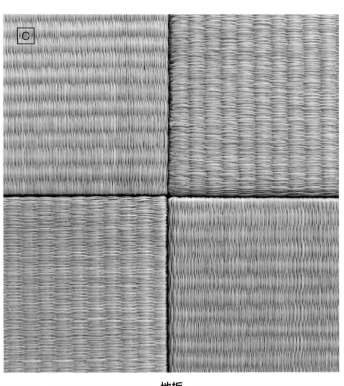

C

─── 天花板·墙壁 ───

白色 AEP 涂装

天花板和天花板分别使用 9.5mm 厚、12.5mm 厚石膏板，表面均匀地进行白色 AEP 涂装

─── 地板 ───

无布边榻榻米

为了保留和室原本的氛围，使用嫩草色正方形无布边榻榻米，将空间打造成小型和室

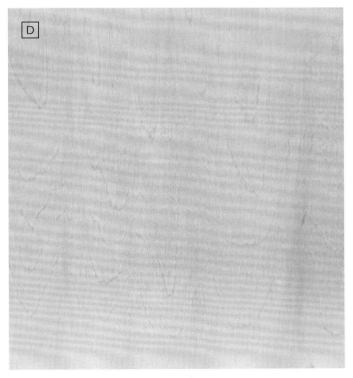

D

E

─── 固定橱柜 ───

椴木胶合板

在木纹柔和的椴木胶合板上，使用油性染色剂及硝基清漆加工成半光泽涂装面。推拉门及上方的带槽横木也使用相同处理方式

─── 推拉门 ───

塑料推拉门纸

Warlon

在推拉门两面如同糊太鼓一般，糊上塑料推拉门纸（Warlon），隐藏住木边框。上方带槽横木则使用了经过 SOP 涂装的扁钢

客厅·餐厅 | living and dinning

餐厅·厨房 | dinning and kichen

和室 | Japanese-style room

浴室·厕所 | bathroom and toilet

楼梯·走廊 | stairs and corridor

其他房间 | others

077

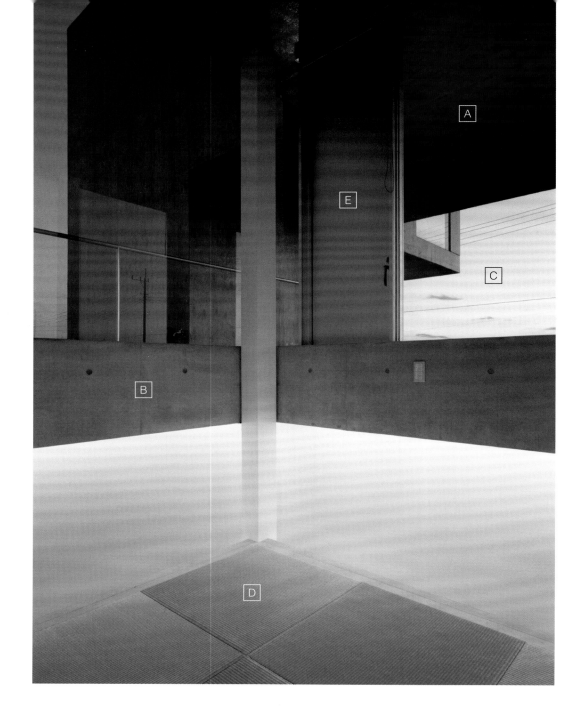

粘贴玻璃的明亮和室
负责为楼下采光的任务

在附带展示室的住宅屋顶平台设置的和室。通过在四周粘贴玻璃，使其具备采集光线并将光线扩散到楼下的功能。在靠近玻璃的木质部位，擦拭掉白色涂装后再涂装优丽坦清漆，以便保留木纹的同时尽量不让反射光线着色。另外在保证玻璃下部不会被阴影遮挡的同时，按照建筑法规将榻榻米地板缩进一定距离，并铺设无布边榻榻米。天花板则使用与室外相连的结构用胶合板。

Ota House Museum

结构：RC 造（钢筋混凝土结构）
用地面积：490.4 ㎡
水平投影面积：152.5 ㎡
总建筑面积：219 ㎡
竣工年份：2004 年

Coelacanth and Associates

小岛一浩

摄影（室内）新建筑社 摄影部（外观）Coelacanth and Associates

客厅·餐厅 living and dinning

餐厅·厨房 dinning and kichen

和室 Japanese-style room

浴室·厕所 bathroom and toilet

楼梯·走廊 stairs and corridor

其他房间 others

天花板

结构用针叶树胶合板

C+(C Plus)/SEIHOKU、涂料：FRP 透明顶涂
天花板与室外表面材料保持连续性，在混合杉木、赤松与落叶松
的结构用针叶树胶合板上涂装透明涂层

墙壁

清水混凝土

为了使空间全体印象更为柔和明亮，在清水混凝土表面涂抹乳白
色防水剂

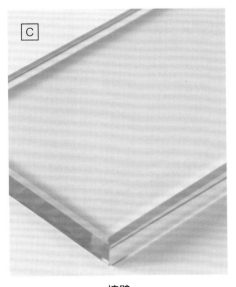

墙壁

浮法玻璃

在较高位置安装透明玻璃，下方使用贴有乳白色
薄膜的玻璃

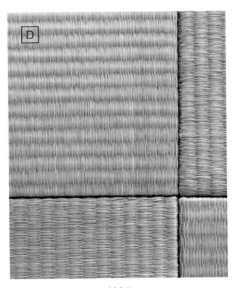

地板

无布边榻榻米

考虑到光的反射作用下的素材质感而选用的无布
边榻榻米，结实耐用

门

铝

现场制作的耐酸铝（氧化保护膜）处理过的铝门

泉 幸 甫
Kosuke Izumi

彰显天然素材原有韵味的方法

泉先生游历日本，巡访各地素材。
我们向他请教了最大限度发挥素材魅力的方法。

而邸（2008）可眺望起居室。左边墙壁为大津壁

摄影 新建筑社 摄影部

泥水材料的粉刷样品。改变材料和分量，反复进行实验

巡访日本各地素材
创建家庭住宅建造的网络

　　20 世纪 70 年代后半期，我开始了自己的设计工作。当时日本的高速经济成长也正在逐步趋近尾声。这是一个建筑走向工业化和被卷入产业及商业的时代。住宅中，PVC 壁纸开始成为主流，地板则采用清一色的胶合板材料。我一直觉得这种状况极不协调，并且一直思考着该如何将实木材料和泥水材料等所谓的天然素材运用到设计里。

　　虽说如此，倘若背离社会的生产和流通的商品，建筑将会难以破土动工，每个时代都有具备其时代特征的建造方法。在那个崩坏的时代里，使用天然素材建造住宅这一方法，可以说是"不走寻常路"，为此我也吃了不少苦头。

　　比如说，我准备在地板铺设杉木实木地板，向生产地直接定购材料，但是材料到手后却发现边材面和心材面都被截取得乱七八糟，或是木材干燥得不够充分等。我一边逐一解决这类问题，一边将它们运用到实际当中。我游历日本各地，寻找和纸与石材，开始创建一个与生产者之间的网络，使得可以向他们直接购买材料。

　　而另一方面，要使用天然素材建造住宅，需要负责各种不同素材的工匠，因此我十分重视与工匠之间的联系合作。以往建造住宅时，各地方都建立起了与材料和工匠的合作体制，因此究竟该如何将其活用到东京的现代化生活中，我进行了很多失败的尝试。

木材、泥水材料、和纸、石材等
自行发现的素材的魅力

　　20 世纪 90 年代开始，我在名为"家庭住宅建造协会"的活动之中，一直探索着市街区的建造技术。因为包括我们自己在内的建筑相关人士都对素材了解得不够充分。因此，我们选择了自己去亲眼确认素材，亲耳聆听在实践中使用材料的人的经验。我走遍了日本全国，也游览过群山。我觉得，像这样亲自去现场获取材料和信息的做法是"创造"的出发点，我们应当加以重视。

通过自己亲眼确认材料
运用臻于熟练的历程

　　关于泥水材料的运用，我进行了特别研究。我自认为是建筑家中对泥水材料的实际运用较为熟悉的人。运用泥水材料的要点就像烹饪料理的食谱一般，在于将何种材料的多少分量相混合。另外，粉刷泥水材料时需要满足三个条件：不剥落、不裂缝、不流落。稍微调整泥土和粘着材料的分量及比例，反复进行实验，并用数据统计其结果。想要从产品目录中甄别出自己真正想要的素材是十分困难的，然而根据自己的喜好是可以控制泥水材料的颜色与表面质感的。至于泥水匠那边，向来是由我发出"配方"。他们也因为这种独特的做法而改变了自己的意识，开始觉得自己的工作十分有

阿佐谷之家（2013）
通过杉木实木材料，使上下两层房屋保持连续性
摄影 西川公朗

涂有油性涂料的木材样品。树种不同，颜色也会随
之发生变化，因此试制了各种木材的颜色样本

趣味性。一度濒于衰亡的泥水粉刷工作，现在已经得到很大程度复苏，并且催生出众多知识欲旺盛的工匠，当真是十分可喜的现象。

另外，我还就石材和钢铁材料进行了各种实验，一直按照自己独特的想法，将只有自己才能够打造出来的空间作为目标努力着。

寻找喜爱的素材及优质素材
提高自我审美意识

大约 5 年前，我建造了自家住宅（而邸）。我在这里大量运用了自己喜爱的素材（照片见 P80）。比如，爬上通向二楼的楼梯，马上映入眼帘的正对面的墙壁就是大津壁。泥水材料经过镘刀细致地涂抹后产生光泽，墙壁表面光泽熠熠的同时，自身给人的存在感又较低，十分美观。

地板则铺设胡桃木地板材料。这是在中国制造生产的材料，有时我会从中国用集装箱运送 2~3 栋房屋所需的分量到日本。虽然我也使用日本国产杉木和桧木，但是我更加偏爱色泽泛紫的胡桃木。天花板使用的是从和歌山县一家名叫"山长商店"的木材店中定购的杉木板。固定式搁板和书架也是使用的杉木材料。宽度较窄的是实木材料，而较宽的材料则使用了直纹剥皮材，以免显得过于庸俗土气。顺便提一下，这里使用的是岛根县的智头杉木。壁龛的地板使用的是整块赤松实木材料，也就是所谓的"天然唐松"。该材料是将购买的整根圆木材料放置一段时间后，从中截取下来的一部分。

说实话，我喜欢质量较好的素材。我这样说，可能会被一些人轻易地贴上"素材派"的标签。但是我觉得现代建筑正在逐渐缺失鉴别能力和审美意识。素材拥有决定空间的巨大力量。如果能够最大限度活用这一点，建筑的可能性也会随之拓展吧。

多重组合也能相互调和的
天然素材的颜色

天然素材的趣味性就在于，木材或泥水材料等素材多重组合也能达到不可思议的调和效果。我们会探讨是该抑制还是突出明暗度及色彩鲜艳程度等色调的问题，但是颜色方面一般不需过多考虑。天然素材原本就不是单一的颜色，而是多种颜色调和在一起形成的颜色。如果颜色偏蓝，就将其称为"蓝色"，但实际上它还混杂着各种其他颜色。正因此，天然素材的颜色能够相互调和。

而另一方面，涂料的颜色搭配就较为棘手。虽然日本涂料工业会等协会有发行颜色样本，但是即使是相同颜色编号的涂料，将其分别涂在杉木和桧木上得到的颜色也会大不相同。另外，颜色样本十分小，而且现实中也不可能直接照搬现有编号的颜色，因此一般制作样品进行探讨。也就是从中调查，在各种素材上使用以何种比例调和的涂料后，最终会得到什么颜色。我们也有储存大量的这类木材样品。

另外室内还会用到把手、合页等各种金属制品。尽量优先选用自己喜欢的素材，然后将其作为素材搭配、展示方法及收纳方法的参考。

追求渴望的材料
区分手工及机械化产品

　　使用天然素材，也就意味着要劳烦工匠动手施工。这是一种背离工业化制造的做法，但是，现代社会拥有着先进的机械技术。因此，为了更好地运用素材，我们究竟该作何取舍，这是我们今后要面对的一大课题。

　　住宅中门常用的格子骨架十分复杂，一般通过计算机数据输出控制 NC 路由器进行切削加工。由于以前是手工制作，加工费用相当高昂。通过机械制造可以在保持相同精度的前提下，使费用更为低廉。

　　另外，瓷砖也是一种十分有趣的素材。在黏土压制成型的胚体完全干燥之前，如果工场工匠在其表面撒上泥土，就能制成具有个性的瓷砖，并散发出自然气息。这也是一种在大量机械生产中叠加少量手工生产的制造方法。

　　如上所述，并不是说只有手工加工才是好的生产方法，机械加工也体现着这个时代特有的生产方法。

注重建筑与人之间的联系
打造富有创造性的空间

　　我一旦发现了想要实际使用的材料，就会直接从生产地订购，构筑一个面对面的关系。和纸之类的常用材料也是事先准备好数家供应商，以备不时之需。

　　石材的话，我比较喜欢与大谷石风格类似的"深岩石"。但是，即使在设计图上注明"深岩石"字样，恐怕很多装修施工商也会摸不着头脑。设计者应当从何处订购材料、该材料有何特质及其使用方法、施工方面应当拜托哪位工匠等，只有弄清楚这些关于材料的细节，材料才能被运用到建筑中去。

　　因此，我十分尊敬那些制造素材的工匠们，并且想和他们建立关系，一起直率地探讨工作内容。技艺精湛的工匠大多品行高尚，他们不仅十分注重待客礼仪，为他人着想，而且还拥有很强的自尊心。

　　像这样，通过与材料和他人的直接对话，我的建筑工作开始变得十分快乐。当我翻阅材料目录时，也觉得自己仿佛是在做行政工作。然而，只有着眼于材料，才会有丰富的创造性。因此，首先需要甄别出好的材料，只有掌握这种能力，才能创造出有自己风格的建筑。在构建空间的同时，我总有一种"创造"的实感，让我总是跃跃欲试，兴奋不已。

琦玉县照明灯具"游架"，用细川纸和八尾和纸制成

用 NC 路由器切削加工的零件组装而成的样品门

泉幸甫

生于日本熊本县。日本大学研究生院硕士课程结业、千叶大学博士后课程结业。曾就职于博士（工科）R 工作室，而后设立泉幸甫建筑研究所。"家庭住宅建造协会"代表之一。2008 年开始担任日本大学教授（生产工学院建筑专业）。著有《建筑家的心理图景 / 泉幸甫》《风土舍》等作品。

室内装潢的精致点缀
——神韵微妙的夹花玻璃

凭借丰富的色彩花纹及独特的神韵风情而备受喜爱的古典玻璃。
光线的穿透与反射作用，可以使玻璃表面产生变化，为空间增光添彩。

　　夹花玻璃有不同的种类，本章将为您介绍由工匠逐张手工制造的"古典玻璃"和仿造该风格用机械生产的"古典风玻璃"。手工制造的"古典玻璃"是由工匠将高温熔化的玻璃吹制成圆柱形后，再经过切割加工制成的板状玻璃。由于其价格高昂且尺寸较小，因此主要被用于照明灯罩等工艺制品。而有些厂商机械加工制成的玻璃最大尺寸可达到1500mm×800mm左右，因此即使是作为一种装潢素材也有着多种用途。它们都是在将熔化后的玻璃延展成板状时，添加上颜色及纹理等装饰制成，并且以美观透明及种类丰富为特征。

古典玻璃

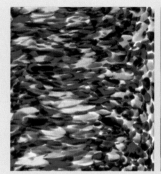 

古典风玻璃

1	2
3	4	5
6	7	8

1. 每张玻璃色彩的混杂程度均不相同。Lamberts Streaky SJ244-F,蓝色＆红色＆黄色。570mm×880mm，72,900日元/㎡。

2. 与1采用相同工法制成，并在其中混入更为大胆的颜色。Lamberts Special Mix P-15-K，金色与粉红色混合色，570mm×880mm，117,400日元/㎡。

3. 高温加热熔接玻璃薄片制成。光线仿佛从树荫缝隙中穿透并落下影子。断面玻璃，BULL SEYE BU4111-D，480mm×880mm，21,400日元/㎡。

4. 斑纹部分为半透明状，周围部分则为半透明至不透明状态。光线穿透时产生明暗差别。Mottle Glass 贪食蛇 UR00-31-C，580mm×750mm，37,200日元/㎡。

5. 单面加工成细微波纹状，表面具有凹凸感。波纹玻璃，Wissmach 波纹 WR01-A，1000mm×800mm，13800日元/㎡。

6. 流水纹路。色彩亦十分丰富。分光流水纹路玻璃 SP171W-E，橙色，500mm×1200mm，17,800日元/㎡。

7. 大胆加入大理石表面纹样的玻璃。分光巴洛克玻璃 SP308R-D，透明底，中掺白色，600mm×1200mm，15,600日元/㎡。

8. 雨珠垂落般的纹样。分光雨水纹路玻璃 SP100RW-A Clear,600mm×1200mm,9,800日元/㎡。
（以上玻璃厚度均为3mm）

※ 古典玻璃不支持寄送样品。以上登载价格均为参考价格。运费、工费及消费税需另行计算。

浴室·厕所
bathroom and toilet

浴室·厕所是住宅中最为隐私的空间，其清洁程度及舒适程度尤为重要。该空间的配置将会很大程度上影响到住宅的舒适性。将这二者打造成统一的卫浴空间时，会自然产生用水处及其他空间，但是基本上都采用相同的表面处理方式，以保持空间的统一感。虽然它是一个独立的空间，在进行表面润饰时，可以使它与其他房间保持统一；反之，也可以利用其空间封闭的特性，将其打造成风格迥异的空间。

浴室·厕所的基础知识

浴室占地面积虽然较小，约 1 坪（3.3 ㎡）左右，但应当尽量打造出可以让人放松身心的氛围。厕所作为独立空间，可以进行较为个性化的表面润饰。

浴室的装潢

浴室是人们入浴的场所，是由淋浴和浴缸组成的用水空间之一。人们在淋浴处清洁身体，然后在浴缸里泡澡暖身。设计时一般配套设置浴室与更衣室，并可将其兼用为盥洗室及洗脸处。

不管如何，浴室十分容易成为一个封闭性的空间，因此通过设置院内庭园或是可以看到天空的窗户，就能将其打造成露天浴池般的开放性空间。无法面向室外设置开口处时，可以在墙壁张贴防锈镜，使得空间更显宽敞；或是在室内一侧设置窗户。另外，使用强化玻璃作为浴室和更衣室的隔板，可以进一步提升空间宽敞感。

预算较为充裕时，可以在地板及墙壁上铺设瓷砖或石材，同时设置地板暖气。浴缸的尺寸应当保证人们能够自在地舒展腿脚，另外还可以在浴室中加入蒸汽桑拿及浴室取暖干燥机。

预算较为紧张时，可以放弃一直以来传统的瓷砖张贴工法，改为不需要地板、墙壁及天花板表面润饰的整体浴室，费用较为便宜。另外，还可以采用欧美风格的浴室装修，在防水地板上直接放置浴缸，并用浴帘进行隔间。

挑选及统一表面材料的方法

理所当然，浴室的表面材料需要具备耐水性。地板可以采用石板瓦、花岗岩、伊豆石等防滑石材及瓷砖，另外，柔软温暖的软木砖也备受人们喜爱。墙壁大多与地板采用相同的石材或瓷砖进行表面润饰。由于空间有限，大小仅在 1 坪左右，如若墙壁和地板上接缝太多、参差不一，会给人留下杂乱无章、难以沉静的印象，因此需要特别注意排列设置。

另外，有时候还会在表面进行涂装，或是张贴扁柏等木材。天花板大多使用阻燃型内装平板或是涂装处理，浴缸则经常使用聚乙烯、FRP、人工大理石、不锈钢、珐琅等材料。

至于保养方面，沾有污垢的肥皂屑容易滋生霉菌，因此出浴后最好用冷水冲洗掉肥皂泡，使其温度降低，并用毛巾将水分吸干。另外，通过保持经常通风换气，可以防止孢子漂浮在室内。一旦产生发霉现象，可以使用除霉剂及含氯类漂白剂等进行处理。如果在干净整洁的隔间用玻璃板上涂覆汽车玻璃用覆膜，日后清洁工作将十分轻松。

照明方面，如果分别在浴缸及淋浴处上方设置灯光，会使空间更加明亮，提高安全性。倘若在浴缸正上方安装

客厅·餐厅 | living and dinning
餐厅·厨房 | dinning and kichen
和室 | Japanese-style room
浴室·厕所 | bathroom and toilet
楼梯·走廊 | stairs and corridor
其他房间 | others

1. 用玻璃将洗浴处和洗脸更衣室隔开的开放性浴室案例。2. 十和田石。常用于日式旅馆中的大型浴池，被水打湿时绿色愈发艳丽。3. 白色系花岗岩。花岗岩具有极高的强度和优越的耐候性，经过磨光、细敲等处理后呈现出各种表面纹路。4. 日本扁柏板壁。由于具有耐水性，亦可用作浴室材料。5. 马赛克玻璃。具有透明感，即使是狭小的空间也能显得更加明亮。6、将马赛克玻璃张贴成人字形图案的案例。粘贴在洗脸台周围的墙壁也饶有趣味。

卤素灯泡，就能使水粼粼生光，更为漂亮。

厕所的装潢

厕所是指设置有便器，以解决人们急用的房间。供来客使用时，它有时还兼具化妆间的功能。另外，根据人们习惯的不同，厕所有时还是读书及思考的地方。一般而言，厕所的大小在 900mm×1800mm 左右。当需要使用轮椅及设置洗手台时，会将厕所设计得更为宽敞。

除了便器之外，厕所里还需要放置厕纸筒、洗手器、收纳柜等，有时还需要在墙壁上安装冲洗遥控及扶手等。由于厕所是一个封闭的空间，选用与其他房间相脱离的装潢风格能够给人留下深刻印象，并且十分具有趣味性。

预算充足的情况下，可以在公共区域设置较大的洗手器及洗手台。另外如果分为面向来客的安装有镜子的厕所，以及与卧室相邻的私人厕所，使用起来会更为方便。仿造酒店房间，将私人厕所和浴室一体化的设计方式也十分受欢迎。当住宅为楼房时，每层分别设置厕所也会更加方便。

预算较为紧张时，应当将厕所设置在一个不管从房子哪个角落过去都较为便利的地方。表面材料统一采用简约的长尺寸单色氯乙烯板地板以及白色涂装墙壁，为省去洗手器还可将其设置在洗脸台附近。空间面积并不充裕的情况下，可以采用无水箱式马桶，将其占地面积控制在 800mm×1200mm 左右。

挑选及统一表面材料的方法

厕所地板经常采用水分及污渍难以渗透的石材、大型号瓷砖、长尺寸氯乙烯板及耐水性强的地板材料。另外，有时还会将其与浴室和洗脸台相结合，铺设软木砖。墙壁也一般采用瓷砖及涂装有耐水性涂料等水分难以渗透、容易擦拭的材料，但是如果不太担心污渍的问题，也可使用和其他房间相同的表面材料，或是使用灰泥、硅藻土等材料使其具有除臭功能，或是粘贴马赛克瓷砖使其给人留下深刻的印象。

至于保养方面，可以使用柠檬酸水及厕所清洁用洗涤剂。清洁时主要通过摩擦便器（尤其是边缘）以及擦拭地板和墙壁，并且最好在污垢黏附之前打扫清除干净。

照明方面，将光源安装在便器上方可以方便人们确认排泄物。考虑到卫生及节省能源等因素安装人体感应传感器，避免用手接触开关。而日光灯由于发光之前需要一段时间，因此不太适用于厕所。

（执笔 村上太一）

1. 花梨之家：设计 一级建筑师事务所 村上建筑设计室　5. Ocean Side 陶瓷 OS-001（A）25mm 见方（7mm 厚），整板 300mm 见方，参考价格 49,000 日元／㎡。　6. Mobius MB-6 人字形图案拼接。42mm×20mm（8mm 厚），整板 311.1mm 见方，参考价格 19,800 日元／㎡。（5 和 6 均为圣和陶瓷制品生产）

浴室粘贴色彩沉稳的瓷砖
让人陶醉在森林景致之中

该住宅浴室建造在高地住宅密集区，面朝一片森林。将身体浸在浴缸里时，就如同坐在客厅沙发上一般，可以欣赏到美丽的森林景观。至于表面材料，墙壁选用了可以融入窗外绿色的瓷砖，地板瓷砖则搭配浴缸的颜色。洗脸台及淋浴处设置在浴缸背后，并将换气扇等用水处特有的设备以及香波等洗浴用品放置于视线之外，天花板则安装吸顶灯、天花板扬声器等类似于起居室中的设备。

森林之家
结构：S 造（钢架结构）
用地面积：158.39 ㎡
水平投影面积：94.86 ㎡
总建筑面积：206.65 ㎡
竣工年份：2011 年

KEN 一级建筑师事务所 ｜ **甲村健一**

摄影（左页）铃木研一

---- 墙壁 ----

石器质瓷砖
安土 100/AZ-1003/SL33N/100mm 见方（10mm 厚）/X'S
融入树木躯干和枝叶的带灰色泥土色瓷砖。具有烧制品特有的天
然色斑

---- 墙壁 ----

PVC 壁纸
TWP9048（现已停用）/TOKIWA
直连到楼下的挑高空间张贴壁纸。采用金属窗框及瓷砖等与平视
色彩相搭配的颜色的材料

---- 地板 ----

瓷质瓷砖
Sohuraimu II/IFT150/300mm 见方（9mm 厚）/LIXIL(INAX)
减轻冰凉感的隔热型瓷砖。为了凸显森林的美丽，使地板、天花
板的颜色与浴缸、照明灯具边框、扬声器等颜色相搭配

---- 窗台顶板 ----

瓷质瓷砖
Sam Stone II/SAM-60/300mm 见方（10mm 厚）/DANTO
身体浸泡在浴缸里时，为了不让人感受到低层部的屋顶而设置了
窗台，并且在表面使用和屋顶材料同一色系的瓷砖

---- 腰壁顶端 ----

人工大理石
Sile Stone/RV-002（现已停用）/12mm 厚 /AIKA 工业
使用可以制造出长尺寸产品的人工大理石。选用与腰壁瓷砖相搭
配的颜色

---- 踏台 ----

垫脚石
瓷质瓷砖 LR-J24-6/297mm×597mm（9.4mm 厚）/ADVAN
为了让人感受到日本和风的重要元素——放鞋石板，而使用了大
型号瓷砖。在表面横方向加工出细微凹凸制成的防滑瓷砖

客厅·餐厅　living and dining

餐厅·厨房　dinning and kichen

和室　Japanese-style room

浴室·厕所　bathroom and toilet

楼梯·走廊　stairs and corridor

其他房间　others

通过接缝方式
体现天然石材的韵味

    该浴室由一种巴西产黄色系天然乱形石英紧密铺设而成。墙面通过 T 字形接缝，体现出石头的素材质感。由于 T 字形接缝可以容许细微的歪斜，所以十分适合使用天然石材。如若使石头宽度不一，更能凸显出石材的特点。另外，磨圆的棱角能够更好地打造出厚重的质感及人与素材的亲近感。保留参差的色彩纹路也能更加贴近自然。

衔山居

构造：S 造（钢架结构）
用地面积：470.99 ㎡
水平投影面积：169.36 ㎡
总建筑面积：280.03 ㎡
竣工年份：2012 年

手塚建筑研究所

手塚贵晴 + 手塚由比

摄影（室内 · 外观）木田胜久 /FOTOTECA

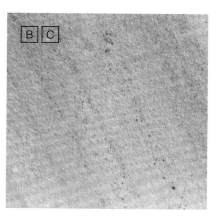

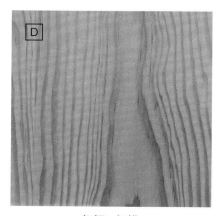

———— 天花板 ————	———— 墙壁 · 地板 ————	———— 门楣 · 门槛 ————
白色 NAD 涂装	**巴西产天然乱形石英**	**花旗松**
KEN Ace G–II（白 N95）/ 日本 PAINT	400mm 见方（10~30mm 厚）	56mm 厚 / 涂装：防腐清漆
使用哑光白色亚克力树脂类非水分涂料进行涂装，具有优越的耐水性及耐碱性	将黄色系巴西产天然乱形石英上下错开半石块长，如砌墙般铺设而成	使用花旗松材料，并在表面涂装不会形成涂膜的外部木材用防腐清漆涂料

客厅·餐厅　living and dinning

餐厅·厨房　dinning and kichen

和室　Japanese-style room

浴室·厕所　bathroom and toilet

楼梯·走廊　stairs and corridor

其他房间　others

平整的白色地板及天花板
衬托出马赛克瓷砖墙壁

与二楼卧室相邻的辅助性用水处。平常不使用时，可以经由此处通向露台。将其设计成全白色隧道状空间，并可以感受到室外的风吹与日晒。通过隐藏照明灯具及换气扇等既成设备，只配置最基本需要的卫生陶器，从而避免外观上显露出用水处的特点。表面润饰全部采用白色，地板使用 400mm 见方的瓷砖，墙壁使用马赛克瓷砖，天花板则使用和涂装不同的素材，全部都是采用不显眼的平整简约的材料，从而让人们尽情享受白色素材的质感。

金泽八景之家

构造：RC 造（钢筋混凝土结构）+ 木结构
用地面积：281.57 ㎡
水平投影面积：117.5 ㎡
总建筑面积：154.44 ㎡
竣工年份：2009 年

NASCA ｜ 八木佐千子

摄影（室内·外观）浅川敏

───── 天花板 ─────

白色甲酸涂料

古典 Pascha/HANEDA 化学

表面涂装白色甲酸涂料，具有值得信赖的防污、防霉性能。也可使用在外墙

───── 墙壁 ─────

马赛克瓷砖

WT-01(25mm × 25mm)/Fonte Trading

具有白色光泽的马赛克瓷砖。接缝也统一使用白色。其白色质感以及棱角的弧度，都给人一种十分平整的感觉

───── 地板 ─────

瓷质瓷砖

WT-001(400mm × 400mm/8mm 厚)/Fonte Trading

使用大型号、设计简单、白色雾面质感的瓷质瓷砖

笼罩着杉木板轻快氛围的浴室

建造在被大自然包围的土地上的住房兼别墅。内装统一使用窄幅杉木板材，各个房间的涂装颜色富有变化。浴室为了打造出明亮感，墙壁涂抹白色涂料后再进行擦拭处理。地板颜色使用也以白色为基调，同时考虑到用水处的保养问题，从而在表面粘贴瓷砖。倾斜的天花板也通过粘贴杉木板，为空间增添柔软的印象。阳光穿透树荫，从细长的大天窗中落下，让人愈发觉得安逸舒适。

奥蓼科之家

结构：木结构
用地面积：1281.10 ㎡
水平投影面积：118.83 ㎡
总建筑面积：215.45 ㎡
竣工年份：2005 年

若松均建筑设计事务所 ｜ **若松均**

摄影（室内）新建筑社 摄影部（外观）若松均建筑设计事务所

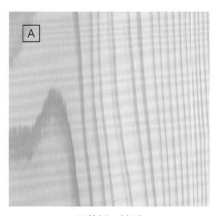

—— 天花板·墙壁 ——

窄幅杉木板
宽 160mm（12mm 厚）/ 涂装：白色涂料两次擦拭涂装
在杉木板上涂装白色涂料后再进行擦拭处理，使木纹与木节给人的印象更为柔和

—— 地板·浴缸的腰壁 ——

瓷砖
印第安纳石板瓦风格马赛克瓷砖 /CS-92WHMOS/ADVAN
石板瓦风格的马赛克瓷砖打造出明亮轻快的氛围

—— 洗脸台 ——

花旗松集成材
涂装：清漆涂装 /AURO
在肌理绵密的花旗松集成材上涂装天然清漆涂料

以红色墙壁为中心的深色调装潢

　　用玻璃将洗漱间和浴室隔开的卫浴空间。根据房主的委托，将洗漱间的墙壁粉刷成较为生动的红色。洗脸台顶板使用柚木实木材料，柜台门使用纹理相连接的饰面木皮胶合板，使其看似整块实木材料，打造出木材的厚重质感。另一方面，从浴缸周边直到浴室露台，地板统一粘贴灰色瓷砖。露台前方设置木围墙及耐候钢花盆。

太子堂之家

结构：木结构
用地面积：220 ㎡
水平投影面积：120 ㎡
总建筑面积：160 ㎡
竣工年份：2010 年

S.O.Y 建筑环境研究所

山中祐一郎 + 野上哲也

摄影（室内·外观）S.O.Y 建筑环境研究所

客厅·餐厅　living and dinning

餐厅·厨房　dinning and kichen

和室　Japanese-style room

浴室·厕所　bathroom and toilet

楼梯·走廊　stairs and corridor

其他房间　others

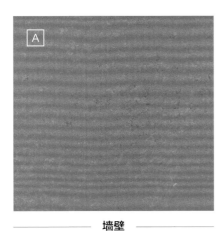

墙壁

AEP 涂装
MEDITERRANEAN WASH/Square Meter
仿佛用海绵沾染一般，在红色底色上重叠深浅不同的红色，制造出微妙的色差及斑纹

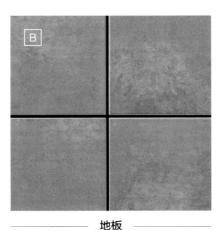

地板

瓷质瓷砖
Cyclas/SIC-R207/298mm 见方（9mm 厚）/名古屋马赛克工业
时尚的石材风格瓷质瓷砖。具有厚重感

柜台顶板

柚木
20mm 厚 / 涂装：优丽坦清漆
柚木实木板材上涂装优丽坦，添加防水效果的同时使木纹更为清晰

光线透过玻璃砖展示出的
黑花岗岩与大理石的素材感

这是一栋家有幼儿、明亮清洁的住宅。根据在海外生活多年的房主的要求，使整个房子散发着时尚的气息。垂直贯穿3层建筑中央的楼梯间挑高部分用玻璃帘墙构成，厕所的一面墙壁也采用了玻璃砖。地板使用本磨黑花岗岩，墙壁铺设神韵微妙的大理石，具有厚重质感的洗脸台也安装了大理石顶板。截面保持锥弧度，稍稍浮于收纳柜门，看起来更为轻巧。

尾山台之家

结构：RC 造（钢筋混凝土结构）
用地面积：272.05 ㎡
水平投影面积：95.37 ㎡
总建筑面积：215.46 ㎡
竣工年份：1998 年

井上尚夫综合计划事务所 ｜ **井上尚夫**

摄影（左页）井上尚夫综合计划事务所

天花板

美耐板
AIKA CORE（灰白色）/C-6200BN/AIKA 工业
灰白色系美耐板搭配木材部分色调

墙壁

玻璃砖
Opaline/190mm 见方（95mm 厚）/ 日本电气玻璃
乳白色玻璃砖使光线穿透扩散后更为柔和

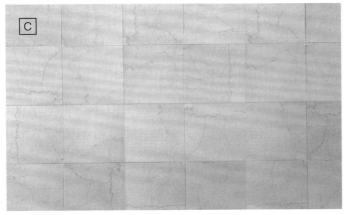

墙壁

大理石
Serepeggiante（木纹黄石）/30mm 厚 /KUMATORI
混入清晰细长条纹的浅黄白色大理石。表面经打磨处理后光泽更
为柔和

地板

花岗岩
山西黑 /300mm 见方（20mm 厚）/KUMATORI
使用漆黑的本磨黑花岗岩，表面如镜面般具有光泽，散发着高
级质感

洗脸台顶板

大理石
Serpeggiante（木纹黄石）/30mm 厚 /KUMATORI
意大利产大理石 Serpeggiante（木纹黄石）。特点是黄白色本色
上混入流水纹路。洗脸台使用本磨材料制成

洗脸台柜门

花旗松
20mm 厚、涂装：护木油擦拭
粘贴有花旗松木皮板的胶合板制成的平板门。特点是带有明亮的
红色

以一体成型的木质洗脸台为中心严格挑选素材

　　统一使用木材装潢的厕所。以水曲柳集成材凿削成型的洗脸台为中心，从此决定周围的素材。地板使用水曲柳实木地板，上涂水性优丽坦清漆；墙壁与天花板也粘贴有水曲柳直纹饰面胶合板。该水曲柳木质洗脸台由北海道某厂商开发制作，尺寸较大为 3600mm×1500mm×100mm，无接缝，使用了耐水素材。

光学玻璃房

结构：RC 造（钢筋混凝土结构）
用地面积：243.73 ㎡
水平投影面积：172.48 ㎡
总建筑面积：363.51 ㎡
竣工年份：2012 年

NAP 建筑设计事务所　｜　**中村拓志**

摄影（室内·外观）Koji Fuji_Nacasa&Partners

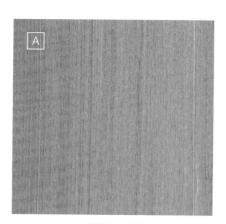

天花板·墙壁

水曲柳饰面胶合板
Maruni Asuteria
将木纹一致的水曲柳直纹木皮板按照相同方向排列而成

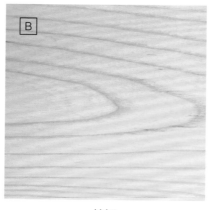

地板

水曲柳实木地板
150mm 宽（18mm 厚）/Alberopro 株式会社使用油性着色剂擦拭 + 水性优丽坦清漆（三分光）两次涂装

洗脸台顶板

水曲柳集成材
3600mm×1500mm（10mm 厚）/Interior Nasu
洗脸盆凸起及凹槽部分也利用该木材凿削而出，一体成型。防水涂装

096

客厅・餐厅 living and dinning

餐厅・厨房 dinning and kichen

和室 Japanesse-style room

浴室・厕所 bathroom and toilet

楼梯・走廊 stairs and corridor

其他房间 others

灯笼形瓷砖墙壁打造出妙趣横生的小空间

　　以中庭、餐厅・厨房为中心的庭园住宅。一进入厕所，独具匠心的马赛克瓷砖立即映入眼帘，使人眼前一亮、精神焕发。内装主要以红色为重点色调，瓷砖其他配色则起到烘托作用。地板和墙壁的表面材料与客厅・餐厅基本一致，地板采用花岗岩，墙壁则使用加入骨材的水性涂料。洗脸台使用柚木实木材料制成，其沉稳的色泽及质感使得空间整体更为内敛。

太子堂之家

结构：木结构
用地面积：220 ㎡
水平投影面积：120 ㎡
总建筑面积：160 ㎡
竣工年份：2010 年

S.O.Y 建筑环境研究所

山中祐一郎 + 野上哲也

摄影（室内・外观）S.O.Y 建筑环境研究所

天花板・墙壁

AEP 涂装
Covered in Paint/Square Meter
涂装面混入极其细碎骨材，富有质感。选用灰白色系，与相邻房间统一

墙壁

马赛克瓷砖
Corabe/64 × 54mm，异形 / 名古屋马赛克工业
瓷砖配色注重凸显作为重点色调的红色

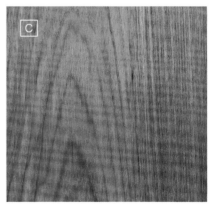

洗脸台顶板

柚木
涂装：优丽坦清漆
粘贴有柚木木皮板的柜台顶板。表面涂抹优丽坦清漆

椎名英三
Eizo Shiina

神秘的素材运用法——实木主义

椎名先生擅于将住宅打造成一个小宇宙，并从中催生出富有灵魂的空间。
听听他倾注在遴选素材方面的满腔热情。

Microcosmos(2012) 使用厚重的水楢木实木材，搭配房主自藏的陈年柚木材桌子顶板组装而成的餐桌
摄影 小川重雄

皇居（2005）
木质空间中的黑色地板及其从属家具散发出强烈的存在感
摄影 新建筑社 摄影部

活用素材自带的深邃感
为建筑赋予自然之感

进行住宅设计时，往往十分重视"自然之感"。这并不单纯意味着使用天然素材进行设计，而是要让人感觉到所有物品理应存在于此，打造出一个寄宿有灵魂的空间。也就是说，要使人觉得所有物品往昔既存于此，将来也存续于此。

素材是构成空间的要素，它不会"撒谎"，只"讲述事实"，这一点十分重要，因此我十分喜爱实木材料的质感。比起中间空洞的 Flash 素材，我总是偏向于使用这种不会"撒谎"的实木材料。我一直以来就持有这种观念，并将其称作"实木主义"。

但是现实中，我们不可能用实木去制作所有的东西，因此我找到了一个折中点，将建筑释义为"开着洞的实木"。实木素材不但是一种天然材料，还能使空间产生一种真实感。印花胶合板及 PVC 壁纸虽然制作精美，但却无法让人感受到素材的深邃之感。这是因为表面化的素材是无法打动人心的。

老子在《道德经》中提到过建筑空间的理论，大意是说"建筑的真实性，不在于屋顶和墙壁，而是在于它们包围之下的内部居住空间"。扼要来说，建筑的本质在于"空间＝虚"这一概念。但是，如果不使用实际存在的物质，就无法

打造出神秘而丰富的空间。所谓的神秘，是指眼前并不存在，但是让人有一种"前方似乎有些什么"的期待感，具有一种使人兴奋不已的魅力。对此，我极为喜爱。

统一地板及其从属品
提高素材的关联性

最近，轻巧的素材十分流行，但我偏爱存在感强的素材。在设计"Microcosmos"这一住宅时，我还设计制作了餐桌。那是用厚重的水楢木实木材料制作的桌脚及顶板四周，顶板中间则使用了房主自藏的柚木材料。水楢木是新木材，而柚木是历经年岁的古典陈木。将这两种树种及风格不同的材料组合在一起，却得到了浑然一体的效果。我想这就是实木素材所拥有的"真实性"的力量。

另一方面，作为整个空间来思考，仅靠餐桌这个单体是无法构成空间的。我在挑选素材时，总是秉承着"地板和从属于地板的物品是好朋友"这一观念。由于地板的颜色及素材质感与餐桌是相连续的，因此能够打造出沉稳祥和的空间。

另外，地板对于空间整体呈现的印象也十分重要。虽然并不全是如此，但是考虑相对于地板来说，我们应该如何处理墙壁和天花板，这一点十分重要。地板如果具有存在感，那么空间就能具有沉稳之感。就现在正处于施工中的"神

Microcosmos(2012) 摄影 椎名英三

1. 安装在化妆室天花板的天窗将天空撷取入室内。2. 光线从玻璃集成材的天花板中飘然落下，LED 光贯穿整个空间。3. 人们可以在这光线沐浴下的空间里祈福。此时，光线是使空间具有活力的一大素材

Microcosmos（2012）摄影 小川重雄

星居（2005）摄影 新建筑社 摄影部

宫前之家"来说，地板采用的是水楢木实木地板，该房间中设置的升降梯也从上至下包裹着水楢木胶合板。相对于混凝土墙壁及天花板来说，通过用水楢木材料制作地板及其从属品，降低了空间的重心，使天花板较高的空间也散发出厚重沉稳的气息。

通过巧妙利用光线
使空间外观更加丰富

对住宅而言，"光线"是一大主题。我经常采用使光线穿透天花板的手法。如前述"Microcosmos"这一住宅中，我在天窗使用了层积浮法玻璃，翠绿色的光线从中透过，使得整个空间宛若深海之底。墙壁上设置有 3 层楼高的 20mm 微缝，中间装嵌 LED 灯，从而使光线贯穿整个空间。化妆室天花板上设置有高透过率玻璃天窗，通过在其内圈张贴高透明玻璃，将天空景色撷取入室内。因为倘若使用普通的平板玻璃，会导致天空颜色看起来偏绿。当然，我们还尽量隐藏住了窗框，使其不会暴露在视线之内。

如若客户要追问我们为何如此苛求细节，那是因为我们认为光线之中寄托着人们的幸福、祝愿等。它是一种净化住宅的存在，对我来说是一种十分重要的素材。

避免直接联系原因和结果
从而打造出期待之感

光与色的组合，也是使空间充满乐趣的一大要素。青山的神宫外苑前宫外苑前有一片银杏林荫道。每当枯黄的银杏叶凋落后，漫步在金黄色的绒毯之上，我们总会有一种莫名的幸福之情。这是因为当置身于金色和黄色的空间之中时，人们会感受到幸福。

在"圣居"这一案例之中，为了将这种感觉纳入空间内，我们在浴室中设置了天窗。因为浴室是人们回归来到世间时的姿态的场所，因此我想将它打造成一个接受光的祝福的空间。天窗下方重叠粘贴两张 4mm 厚黄色聚碳酸酯板。另一方面，室内瓷砖及柜台、门窗等都统一使用纯白色。当自然光线从天花板处倾泻而入时，房间整体都会被染成金黄的颜色。另外，为了避免人们直接看见黄色聚碳酸酯板，我们还在表面添加了 FRP 网格层。像这样苛求细节，避免让人们直接看到原因和结果，也是使空间产生深邃感和神秘性的要点。

精细操作的积累
衍生空间深邃感

　　但是，如果一味追求实现自己的想法，很容易导致预算超支，因此一向都需要人们下功夫抑制成本。从挑选材料方面来说，比如有时候实际上想要使用玻璃，但是最后更改为使用塑料。比如，"圣居"这一住宅中的天窗使用的是 FRP 折板。另外我还思考了许多廉价材料的使用方法。大约 30 多年前，我工作中负责的"木邨邸"这一案例中，我将当时最便宜的阔叶树棱柱木材料染成黑色后铺设成了地板，那是因为染成黑色后，材料不会显得过于廉价。墙壁及天花板张贴柳桉木胶合板，并保留 4t 接缝，横条及木桁架上钻出与接缝同宽的小孔，即使粘贴薄薄的单板，也能让人感受到厚重的质感。这些虽然都是细微的操作，但却能够由此衍生出空间的深邃之感。

　　所谓的住宅，就是由各种各样的元素集合而成的一个小宇宙。此时，倘若空间及构成空间的素材带有自然之感，便能使空间产生真实之意，并赋予在其中居住的人们生存的自信，这才是建筑的一大目的。居住在一栋漂亮舒适的房子里，也可以说是我们人生的目的之一吧。

木邨邸（1983）
将棱柱木地板材料染成黑色打造出固有的空间。没有将榻榻米作为和室的地板材料，而是将榻榻米直接作为地板材料

摄影 木户明

圣居（2007）
浴室天窗下方重叠粘贴黄色聚碳酸酯板，并在下方设置 FRE 网格层。墙壁和地板都铺设白色瓷砖。白色瓷砖在反射光线下染成金黄色

摄影 椎名英三

椎名英三

生于日本东京都。1967 年毕业于日本大学理工学院建筑专业。1968 年任职于大高建筑设计事务所，后进入宫胁檀建筑研究室。1976 年成立椎名英三建筑设计事务所。2009 年开始担任昭和女子大学环境设计专业讲师。

重现岁月积淀的深沉之感
——木材的复古涂装

木材的复古涂装可以重现木材历经岁月后积淀而出的特有风情。
以下为您介绍几种能够自然融合于住宅装潢之中的木材。

家具及外装木材可以通过涂装演绎出经过长年使用的效果。通过各种加工可以再现伤痕、污渍、颜色的变化及风化作用等微妙的神韵。既有用钉子、刀具等工具预先给表面增加伤痕的方法，也有反复涂抹多层涂料或是涂上一层涂料后再进行擦拭处理，使木纹变得模糊不清的方法。一般来说，工序会更为繁杂，相比均一涂装更加花费工夫与时间。建议与涂装专业人士通过实物和照片分享预期效果，经过沟通交流决定木材表面效果。以下为您挑选出了几种和风与西式家具，以及带有陈旧感的外装。

和风民间工艺风格

和风外装

西式外装

1·2 和风民间工艺家具风格的古典涂装。仿照日本松本县民间工艺及岩手县民间工艺等传统民宅中的烟熏风情，如粉刷油漆般涂装焦茶色涂料。浓郁的色调突出木纹，韵致愈发深沉。
3·4·5 和风陈旧外装古典涂装。杉木材料经过风化作用或弄脏后，颜色会逐渐倾向于泛灰的黑色。这些都再现了这种颜色混合在一起的微妙变化。使用喷枪烧灼表面，浓化夏材、强调木纹；通过浮雕加工使春材凹陷下去，并涂装多种颜色。

通过这种对比，使得木材更加具有深邃质感。
6·7·8 西式外装陈旧风格涂装。这些也是在浮雕加工后涂装多种颜色。西式风格的白色、淡蓝色、浅奶油色等外装中，使用了磁漆涂料的外装显示出经过脏污或风化、劣化作用后部分剥落的感觉。

楼梯·走廊
stairs and corridor

楼梯具有连接多个楼层的功能，同时还是给空间垂直方向增添富有活力的变化的一大元素。在此，本书将为您介绍使上下楼梯变得更加轻松快乐的案例。根据楼梯使用的素材，可以控制外观呈现出的轻巧度或厚重感，另外还十分重视楼梯与周围墙壁等的统一感。至于走廊，本书为您介绍的案例将告诉您如何避免设置成"死胡同"，让其作为通向其他房间的路线，使空间具有一体感。

楼梯·走廊的基础知识

在房间内设置楼梯时，需要考虑楼梯侧板、梯段踏板、扶手的设计，以及保持素材和空间的协调感。设计走廊的关键是要为房间之间的移动增添乐趣。

楼体周围的设计理念

楼梯的设计目的出自于上下楼层及高差较大之间的移动。它与挑高空间一并成为连接上下层氛围的构件，同时还可以让人享受上下楼梯时视点变化的乐趣。楼梯既可以隔断成楼梯间，也可以设置成为房间的一部分，还可以将其设置在室外。

楼梯分为以下不同种类：1.直梯：楼梯自身所占面积小，跌倒时十分危险。2.折返楼梯：上楼梯时十分方便，但是中间需要较大的楼梯平台。3.L型楼梯：在中间楼梯平台连接下呈直角的楼梯。4.螺旋楼梯：较为袖珍，但是上下楼梯不太方便。

一般的楼梯都是由楼梯侧板、梯段踏板及扶手构成。设计时需要注意每级楼梯高度在230mm以下，梯面宽度在150mm以上，有效宽度750mm以上，同时配合扶手设置标准，采取方便上下楼梯的坡度。

统一装潢的方法

相对于将楼梯作为单体来考虑，不如将其与客厅、玄关等其他房间共同进行设计，能够使空间更显宽敞，凸显家庭住宅的一体感。只不过，由于冷空气沉淀在下，暖空气升腾向上，因此有必要仔细考虑空调安装计划，楼下主要安装暖气，楼上主要安装冷气。

在客厅里设置楼梯时，由于它是影响空间整体印象的一大要素，因此建议外形设计时要注意美观且不会给人压迫感。有的楼梯还通过不设置梯级之间的竖板或楼梯侧板，给人一种通透之感。在楼梯上俯视时是十分有乐趣的，另外，视点变化越大越容易给人留下深刻的印象，因此设计时要注意考虑视线前方的景色。

就素材而言，一般有木材、钢铁、混凝土等材料，也有用钢骨架加固的木质半固定式混合型楼梯。梯面既可采用与地板相搭配的材料，也可特意添加变化，无论如何都必须使用防滑材质或是进行防滑加工。另外，直接踩踏在钢骨架楼梯上时，脚步声响较大，建议在表面粘贴木材。

设计扶手时，基本上要使其和楼梯侧板保持一体感。素材分为厚重的铁制、光芒锋利的不锈钢制、手感温润的木制或是包裹着皮革、外观十分时尚的款式等等。

楼梯间大多设置成挑高空间，天花板的高低差使空间显得张弛有度。照明如若采用脚灯，便能轻松更换灯泡；但是如若在天花板上设置照明，就需要安装在方便更换的位置，或是使用寿命长的LED灯。另外，考虑到有时还需要使用吸尘器，因此在近处设置插座的话将十分方便。

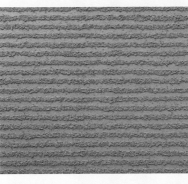

客厅·餐厅 living and dinning
餐厅·厨房 dinning and kichen
和室 Japanese-style room
浴室·厕所 bathroom and toilet
楼梯·走廊 stairs and corridor
其他房间 others

1. 楼梯踏板厚实稳重的半固定式楼梯。看起来仿佛浮在空中，十分有趣。2. 在楼梯踏板及扶手壁处使用冲孔金属板，给人轻巧的感觉。3. 粗犷自然的土墙。在光线能够照耀到的楼梯周围挑高空间使用时，能够欣赏到丰富的表面效果。4. 使用镘刀随意涂抹的灰泥。白色的墙壁使得狭窄的走廊也萦绕着轻快明朗的氛围。5. PVC 壁纸，风格犹如表面经过刮落处理的土墙。条纹图案为走廊增添了一种纵深的感觉。6. 布质壁纸。适合打造拥有高级酒店旅馆设施般氛围的走廊。

走廊的设计理念

走廊是连接不同房间的通路。环抱房屋的走廊则被称为"回廊"。由于走廊较少时空间利用效率更高，因此设计房间时应当尽力减少走廊。不得不设置走廊时，则应当大胆将其设计成能给人留下深刻印象的场所。例如在墙壁某处设置壁龛，或是悬挂喜爱的字画作为装饰等，都能为空间增添情趣。

走廊基本宽度在 800mm 以上。由于空间较为细长，因此需要注重配置视线前方的景色。人的通道同时也是风和光线的通道，因此使用易于收纳的推拉门，让其保持开放状态时，可以使环境更为优美。另外，走廊大多与玄关相连通，因此在玄关附近设置隔间可以保护隐私，或是在冬天起到隔热保温效果。当房间存在高低差时，可以不设置台阶，而是设置缓慢的斜坡。

如果压低走廊的天花板高度，便会使人在进入房间时产生开阔之感。反之，与楼梯间配套设置抬高天花板，也会给人留下深刻的印象。虽然人们并不会在走廊长时间驻留，但是尤其是在天花板较低时，必须注重表面材料的质感及外观。

统一装潢的方法

走廊处可以使用各种各样的建材，基本上需要注意保持和房间的一体感。如果使用和房间相统一的地板材料，并按照相同方向铺设，便可使地板看起来不显突兀，空间也更为宽敞。为了保证走廊墙壁的明亮度，墙壁表面大多采用较为明朗的色调。

预算相对充足的情况下，如果在墙壁粉刷灰泥或是泥土，可以让人近距离体会自然风情；如果在走廊中途或是尽头设置小庭院，便能让人感受到一种开放感与美的享受，同时还能保障采光与通风。另外，加入地板暖气，还能够缓解由于温度突变产生的热休克效应。

预算较为紧张的情况下，首先应当致力于尽量不设置走廊。另外，相对于地板面积来说，走廊相对应的墙壁面积更大，因此墙壁材料选择成本较低的壁纸更为划算。

照明方面，如果等间隔配置吸顶灯，可以使光线落在地板和墙壁上，营造出空间的韵律感。在地板上投射狭角光，也能与空间其他地方形成对比，增添乐趣。另外，如果设置长明灯或人体感应脚灯，使用起来将更为方便安全。除此之外，在走廊设置插座，同样可以方便使用吸尘器进行打扫。

（执笔 村上太一）

注：1. 花梨之家：设计 一级建筑师事务所 村上建筑设计室

空间采用细腻蓝色涂装
担任内外缓冲带作用

该住宅每个房间都按照其空间特性分别涂装适合的颜色，比如房间入口及客厅采用明亮的黄色，卧室则使用宁静祥和的绿色等。楼梯间设置有大开口部，安装透明玻璃通向室外，将其打造成半户外空间。墙壁采用肌理细密的雾面涂装，光线从高侧窗透入流转于清爽的蓝色空间。楼梯使用将三层整块实木材料层积而成的厚镶板和钢板组合而成。地板则粉刷成简单的混凝土及灰浆面。

HTK

结构：木结构
用地面积：1797.07 ㎡
水平投影面积：352.19 ㎡
总建筑面积：369.59 ㎡
竣工年份：2011 年

彦根建筑设计事务所

彦根 Andrea

摄影（室内）Nakasa&Partners（外观）彦根建筑设计事务所

─── 天花板 ───

白色涂装
Chaff Wall/CW-100/Chafflose Corporation
使用虾夷盘扇贝壳及稻壳制成的天然涂料 Chaff Wall 白色涂装

─── 墙壁 ───

蓝色 AEP 涂装
EGGSHELL ACRYLIC LEAF SPRING/ Porter's Paints
使用定制颜色，散发清爽光泽

─── 地板 ───

灰浆
为了打造出半户外式空间，内外地板表面统一使用镘刀粉刷灰浆

─── 楼梯 ───

混凝土
采用混凝土，使楼梯与灰浆地板融为一体

─── 楼梯 ───

厚镶板（三层构造）
19mm、25mm 厚
楼梯踏板使用 9mm 厚的板材作为芯材制成的三层层积厚镶板。表面进行 SOP 涂装。楼梯侧板使用 9mm 厚板材

─── 推拉门 ───

欧洲赤松
FKG/W5,315 × H2,100mm（3 枚）/NORD、涂装：Extra Clear(#1101)/日本 OSMO
搭配具有隔热性能的木制门框，内部门框也采用相同材质和形状

living and dinning 客厅・餐厅

dinning and kichen 餐厅・厨房

Japanese-style room 和室

bathroom and toilet 浴室・厕所

stairs and corridor 楼梯・走廊

others 其他房间

组合明亮色调与纺织品
愉快地装饰每一级楼梯

在面阔 2.1m、纵深 9m 的地皮上建造的四层住宅。为了在有限的空间面积中也能展开生活的场景，设计时注意让室内印象随着上下楼梯而改变，同时每一级楼梯的颜色和形状也各不相同。照片中地板主要以鲜艳的黄色为关键颜色，钢铁制楼梯踏板、梯级间竖板及扶手都采用黄色涂装。另外，在靠近楼梯的一侧，用颜色相配的漂亮纺织物代替门，将空间点缀得更为明亮。

Rabbit House

结构：S 造（钢架结构）
用地面积：28.61 ㎡
水平投影面积：22.88 ㎡
总建筑面积：99.71 ㎡
竣工年份：2006 年

Studio-Kuhara-Yagi 一级建筑师事务所
八木敦司

摄影（左页）岛村钢一

──────── 墙壁 ────────

白色 AEP 涂装

ALC 板上施加均一的白色 AEP 涂装。钢骨架的柱子和横梁也采用相同处理

──────── 地板 ────────

清水混凝土

在少量炉渣混凝土上铺设金属网格，进行防尘涂装

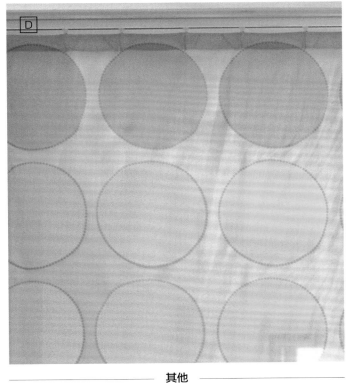

──────── 楼梯 ────────

钢板

一楼楼梯使用 3.2mm 厚网纹钢板。二至四楼楼梯使用 4.5mm 厚钢板。表面施加黄色优丽坦涂装

──────── 其他 ────────

织物

该黄色圆点图案纺织品由纺织品搭配设计师安东阳子亲自挑选

客厅·餐厅　living and dinning

餐厅·厨房　dinning and kichen

和室　Japanese-style room

浴室·厕所　bathroom and toilet

楼梯·走廊　stairs and corridor

其他房间　others

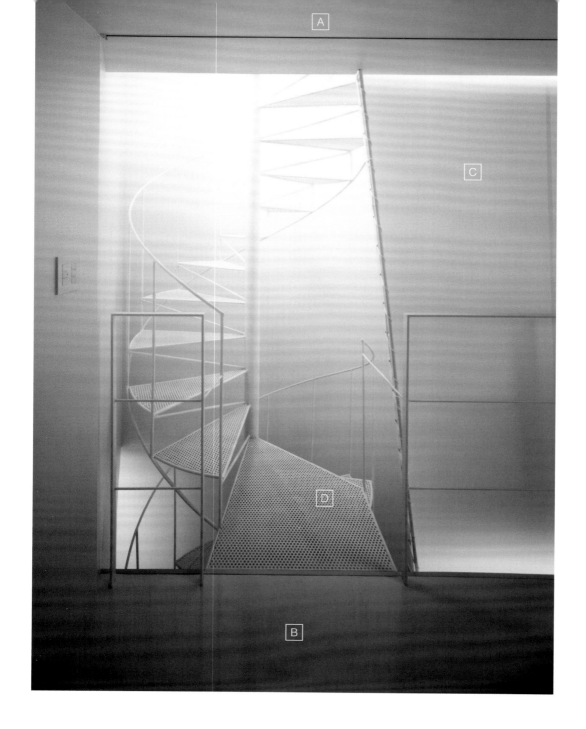

纯白色帐篷粗布使光线扩散
外观十分轻巧的螺旋楼梯

该住宅是在 160.79 ㎡的地皮上建造的四栋二层及三层长排房屋之一。每层楼房的面积较为狭窄，挑高空间连接着每一层，发挥着使空间融为一体的作用。该螺旋楼梯由冲孔金属踏板和细长圆钢扶手构成，外观十分轻巧，设计理念在于尽量降低存在感。挑高空间利用纯白色帐篷粗布进行隔间，阳光从楼上倾泻而下，在粗布的作用下向四周柔和地扩散，使得上下空间看起来连为一体。

Slash/kitasenzoku

结构：木结构 + 部分钢骨架加固
用地面积：160.79 ㎡
水平投影面积：78.80 ㎡
总建筑面积：160.11 ㎡
竣工年份：2006 年

空间研究所

筱原聪子 + 江添贵子

摄影（左页）新良太

天花板・墙壁

白色 AEP 涂装
Ode Coat G 环保（日本涂料工业协会 N-90）/ 日本 PAINT
在 15mm 厚的石膏板上，施加三分光白色 AEP 涂装

地板

PVC 瓷砖
MS Plain/MS5626/TOLI
灰白色复合地板瓷砖使地板与墙壁的界线变得模糊

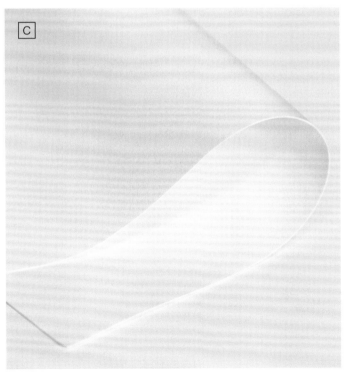

帐篷膜

帐篷粗布
Mars 311（白色）/DYNIC
纯白色帐篷粗布。利用其张力，在分隔挑高空间与客厅的同时使
光线从其中穿透

踏板

冲孔金属
4.5mm 厚
小孔间隔十分紧密的冲孔金属。施加白色 OP 涂装

客厅・餐厅　living and dinning

餐厅・厨房　dinning and kichen

和室　Japanese-style room

浴室・厕所　bathroom and toilet

楼梯・走廊　stairs and corridor

其他房间　others

利用混凝土重现木纹
为楼梯间增添素材感

　　该住宅建立在高楼大厦与普通住宅混杂的街道，由于建筑法规的限制，使得外观呈现出复杂的多面体形状。室内螺旋楼梯贯穿肌理粗糙的混凝土墙壁和混凝土地板铺设而成的四层空间。通过调整质地均匀的清水混凝土的模板，可以为其增加适合空间的特征。作为生活移动路线主轴的四层楼梯间，包括踏板在内，都使用了以落叶松胶合板为模板的清水混凝土，孕育出一种厚重沉稳的氛围。

南麻布之家

结构：RC 造（钢筋混凝土结构）
用地面积：75.76 ㎡
水平投影面积：54.56 ㎡
总建筑面积：218.24 ㎡
竣工年份：2011 年

岩松均建筑设计事务所　　|　**岩松均**

摄影（左页）铃木研一

──── **天花板・墙壁** ────

清水混凝土

涂料：防水剂 /Landex Coat WS–B/ 大日技研工业
落叶松胶合板模板浇筑的清水混凝土。Landex Coat 是由白色
No.30 加入透明涂料后稀释而成

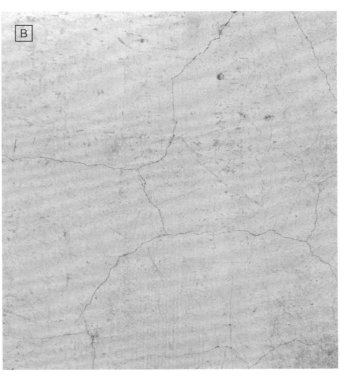

──── **楼梯踏板** ────

灰浆

涂料：防水剂 / Landex Coat WS–B/ 大日技研工业
使用金属镘刀涂抹而成的平滑灰浆面

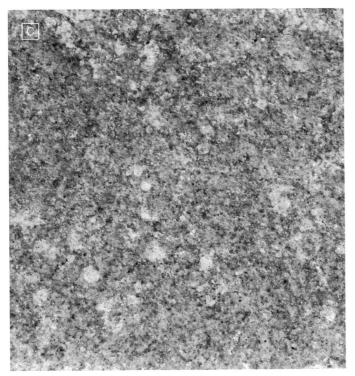

──── **地板** ────

瓷质瓷砖

Burattato/Luserna/12mm 厚 / 平田瓷砖
埋入表面闪闪发光的矿石颗粒而制成的石材风格瓷砖。散发出无
釉古典物品般的粗糙质感

──── **隔间墙壁** ────

网格玻璃

针对防火窗户而制作，根据其形状、尺寸而采用了网格玻璃。混
凝土经过清水浇筑加工后，再在现场加工安装该玻璃

客厅・餐厅　living and dinning

餐厅・厨房　dinning and kichen

和室　Japanese-style room

浴室・厕所　bathroom and toilet

楼梯・走廊　stairs and corridor

其他房间　others

使用具有透明感的玻璃砖
舒缓地连接室内外空间

该住宅使用清水混凝土，散发着温情。二层客厅一旁设置有大面积露台围绕着外墙。楼梯的挑高空间正对着房屋的主立面，为了保证全天采光，使用了玻璃砖墙壁。天花板表面则铺设粘贴有蒲草的胶合板。地板及楼梯统一使用黑樱桃木地板材料。定制棚架采用经过茶褐色涂装的椴木胶合板。预想中，地板材料经过岁月沉淀后，红色将愈发深沉，与家具十分相衬。

mimosa-house

结构：RC 造（钢筋混凝土结构）
用地面积：235.69 ㎡
水平投影面积：138.21 ㎡
总建筑面积：219.98 ㎡
竣工年份：2013 年

一级建筑师事务所　村上建筑设计室

村上太一 + 村上春奈

摄影（室内）片桐圭（外观）一级建筑师事务所 村上建筑设计室

天花板

蒲草芯胶合板

112A/900mm×1,800mm（可定制尺寸）/SKK 佐佐木工业

在 2.5mm 厚的胶合板中使用粘贴有蒲草芯（萨摩芦苇）的板材。相比竹子及芦苇席面的天然天花板材料而言更显时尚，具有休闲娱乐的风情

墙壁

玻璃砖

190mm 见方（95mm 厚）/TAMAYURA/ 日本电气玻璃

具有波纹状不连续纹样的玻璃砖，使光线穿透时发生微妙的散射，成像模糊不清、摇摆不定，从而使视线更为柔和

墙壁

清水混凝土

让作为躯干的墙壁直接露出本体，展示出空间的一体感与厚重感

地板

黑樱桃木三层复合地板

150mm×1,818mm（15mm 厚）/Arbre.Inc

将黑樱桃木锯切木皮板作为表面材，上有如同晃动的波纹一般不规则的木纹。为了安装地板暖气而选用了三层复合地板

定制棚架

椴木胶合板

4mm 厚 /OSMO Color 涂装

在胶合板上涂抹与深沉的褐色相调和的天然涂料

扶手

铁

运用铁本身质感制作的扶手。与混凝土的简约质感相协调

客厅·餐厅 living and dinning

餐厅·厨房 dinning and kichen

和室 Japanese-style room

浴室·厕所 bathroom and toilet

楼梯·走廊 stairs and corridor

其他房间 others

清晰的木纹及木节包裹的空间
与铁制走廊融为一体

　　该住宅通过分别建设构成外壳的一次构造和构成内部起居室的二次构造，打造出了开放式箱型自由空间。内部使用的素材能够方便房主今后自己进行涂装。表面润饰以落叶松胶合板和欧松板（OSB）为中心，打造出一个全面展示木材风情的明亮空间。厨房墙壁的白色 OP 涂装，以及用平钢和网格 FRP 材料制造的游廊成为空间的重点。

深大寺之套匣住宅

结构：木结构
用地面积：280 ㎡
水平投影面积：133 ㎡
总建筑面积：213 ㎡（竣工时）
竣工年份：2006 年

Milligram Studio　|　**内海智行**

摄影（左页）Milligram Studio

───── **天花板** ─────

欧松板

OSB 12mm 厚

使用无涂装细碎木屑欧松板。与使用集成材的外露横梁相互搭配

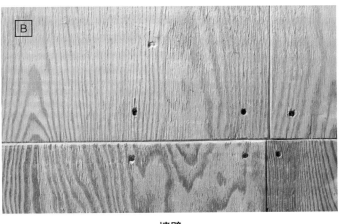

───── **墙壁** ─────

落叶松胶合板

12mm 厚

木纹和木节十分大胆。表面无涂装

───── **地板** ─────

灰浆

使用金属镘刀简单地涂抹灰浆后进行防尘涂装

───── **厨房墙壁** ─────

白色 EP 涂装

厨房墙壁使用无光泽 EP 涂装。选用具有清洁感的白色（日本涂料工业协会 N-90）

───── **游廊** ─────

网格 FRP 材料

12mm 厚

游廊采用高透过性的网格 FRP 材料，设计得十分轻巧

───── **对抗风压的结构加固材料** ─────

钢铁

12mm 厚

作为结构加固材料，直接使用具有强度的平钢，同时也考虑到了作为装潢材料的设计性

客厅·餐厅　living and dinning

餐厅·厨房　dinning and kichen

和室　Japanese-style room

浴室·厕所　bathroom and toilet

楼梯·走廊　stairs and corridor

其他房间　others

树荫中透过的阳光穿过深色百叶窗
照耀着采用三分光涂装的明亮走廊

　　该住宅建造在河川沿岸山崖之上。照片中的走廊为了阻挡来自邻地公寓的视线和夕照，在平行延伸的阳台上设置回转式垂直百叶窗。百叶窗采用尺寸为 45mm×100mm 的北美圆柏方材，平台使用具有耐候性的重蚁木。室内地板铺设水楢木实木地板。展示木质风情的同时，为了提高防水性能及耐磨损性能，在表面施加三分光清漆涂装。与此相搭配，内墙也采用白色 AEP 三分光涂装。

山崖之家

结构：RC 造（钢筋混凝土结构）+
部分 S 造（钢架结构）
用地面积：115.08 ㎡
水平投影面积：68.81 ㎡
总建筑面积：136.88 ㎡（竣工时）
竣工年份：2006 年

诹访制作所 ｜ **真田大辅 + 藤原英佑**

摄影〔左页〕铃木研一

天花板·墙壁

白色 AEP 涂装

Vinyldeluxe300（C19-928）/ 关西 PAINT
白色 AEP 三分光涂装。具有微弱的反射作用

地板

水楢木地板

18mm 厚 / 涂装：Floor Clear Rabid/ 日本 OSMO
UNI 实木地板。两次重叠涂装 Floor Clear Rabid 涂料

门

水曲柳

725×1,900mm（33mm 厚）
张贴有水曲柳木皮板的平板门。选用色调与混凝土墙壁相调和的
素材。表面涂装透明喷漆

平台

重蚁木

105mm 宽（20mm 厚）
使用具有耐候性的重蚁木。与外部百叶窗的色调相统一

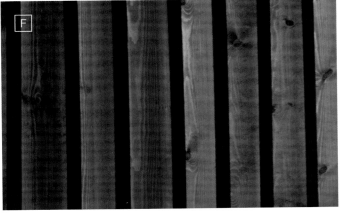

门把手

把手

（V4 门闩珍珠铬）/I-V4C-B-LW/KAWAJUN
压铸锌上电镀珍珠铬制成，具有雾面质感

外部百叶窗

北美圆柏

102mm 宽（29mm 厚）、涂装：Xyladecor（#104 象牙色）/
Japan Enviro-Chemicals
为了提高耐候性，在表面涂抹木材保护涂料

黑 川 雅 之
Masayuki Kurokawa

设计素材的脉络

从建筑到产品，黑川先生事无巨细，事必躬行。
听听他在挑选素材时与设计共通的视点。

铁制雅屋·佐伯家府邸（2003）用钢铁材料表现的茶室空间。地板是水楢木地板

CASA VITA（2013）
地下室用纯白色的天花板表天"天"

考虑素材的含义、质感及色调
使之传至五感

我从开始自己的设计生涯以来，一直都不是关注建筑外部，而是关注建筑内部。对建筑来说，将其看作一种装潢空间是十分重要的。建造一个城市时，建筑的外观固然十分重要，但是我更加重视住宅中每个人是怎样来生活、怎样去感受外部的世界的。因此，构成装潢的素材尤为重要。选择素材时，首先要想象利用该空间传递给人怎样的感觉。

我一直以住宅的天花板为"天"，以地板为"地"，从而使空间更加贴近本来的自然状态，成为一个生机勃勃的家。例如，我在"CASA VITA"这一住宅中设置了地下室，由于想让天花板表现出"天"的感觉，张贴了没有素材质感的纯白色壁纸。另外，墙壁上安装的照明灯具向上方投射光线，天花板上没有安装任何光源。从这可以看出，我努力思索了什么才是能够制造出"虚无"状态的素材。

另一方面，由于一层和二层设置有大面积窗户，使天空自然而然地映入眼帘，因此相对于天花板，地板的装潢更为重要。我想要通过使用触感温暖的素材来传递一种舒适的感觉，因此最终选择了水楢木实木地板。远古时期，人们都是用四肢行走，因此人体的手脚内部都含有接收外界信息的"传感器"。人的脚底也十分敏感，能够时刻接收地板传递的感觉。根据这一想法，我在玄关铺设瓷砖，楼梯则使用木材制成，从而使空间内足底的质感及脚步声的变化更为丰富。

通过不同素材的组合
创造崭新的印象

另外，我常常想要通过选用素材，在建筑中引发一种"冲突"。例如，在"铁制雅屋·佐伯家府邸"这一住宅中，我就想选用钢铁这一素材，来打造具有传统茶室建筑特征的空间。采用 H 钢来建造柱子、横梁的同时，所有地方都使用玻璃进行隔间，并且安装了电动卷帘。将卷帘卷上时，无论处在室内哪个角落，都可以看见屋外的庭院。这便是表现出庭院与室内的连续性以及开放空间的丰富度等传统茶室建筑特征的一大案例。

另外，内装表面润饰大多采用木材、石材等天然素材。此处地板选用的是我十分喜爱的水楢木。水楢木质地偏硬，色泽中立，给人一种明快之感。这种铁和水楢木的组合，凛冽却不失温情，使空间产生一种绝妙的和谐。像这样，通过组合原本给人印象截然不同的素材，可以使素材衍生出崭新的感觉。

F 邸（1989）
该住宅充分使用了从意大利卡拉拉挑选的大理石

所有设计中共通的
挑选素材的手法

我不仅从事建筑和装潢工作，同时还在做家具及产品设计，设计范围从门把手、水龙头等小零件到马桶、浴缸、窗框等。一般而言，人们可能会有这样一种印象：在被称之为"家"的这一建筑中摆放有家具，家具上方摆设着各种产品。然而在我心中，它们都是等价的。也就是说，我把产品当作小型建筑来设计，把建筑当作大型家具来规划。因此，对它们来说，挑选素材的手法是完全共通的。既有直接发挥各素材特征的用法，也有反其道而行之，故意打破其原本印象的手段。而设计的奇妙趣味正在于此。

我认为，不管是住宅、装潢还是产品，都不是靠颜色来组合，而是根据素材来搭配。它们最终将呈现的外形是可以想象的，但是与此同时，设计的时候还需要考虑素材所拥有的深层次的意味。

比如，进行某项设计时，如果想要使用石材，人们会在脑海中搜索到与石材相关的记忆。以前我曾经趴在石头上睡过，那时我感受到了一种幽寂的寒意。结合五感，我们可以更加深刻地理解素材的意味。那方石头中蓄满的寒意，在悠悠岁月里逐渐浸染了我的身体，这记忆也成为我设计理念的线索之一。在一边回溯这些记忆的同时，充分体味和运用素材的特性，思考转换的方法，这一点十分重要。

反复推敲
不明理由喜爱的素材

我想不管对于哪位建筑家而言，都有其喜欢或钟爱的素材。至于我，在选用素材时也十分"感情用事"。性能的好坏固然重要，但我有几种不明理由却十分喜爱的素材。

最初，我十分钟爱的素材是"橡胶"，因为橡胶那种其他素材都无法比拟的柔软触感使我难以自拔。但是不知为何，橡胶作为一种工业制品，总给人一种肮脏的感觉。正因为如此，我才想要将其作为一种装潢素材，做出漂亮的东西来改变人们对它的印象。虽然未能保存至今，Jurgen Lehl 的时装店地板、墙壁及天花板全都是采用了橡胶作为表面材料，将其转换成产品的便是"GOM"系列。

在这之后，我爱上的材料是"铝"。在奥地利首都维也纳的街道上，有用铝建造的美轮美奂的建筑。那是奥托·瓦格纳（Otto Wagner，奥地利著名建筑师）的"维也纳邮政储蓄局"和汉斯·霍莱茵（Hans Hollein，奥地利著名建筑师）的"Retti 蜡烛店"。维也纳的天空总是阴云密布，而这两所建筑却不知为何显得十分明亮，那是因为铝的颜色与维也纳的天空颜色十分相近，我的心被这种微妙的色调所俘获了。因此，我注重这种微妙的韵致，将铝挤压成型，设计了用于各种家具的结构系统"T-FRAME"。

最近，白色色调、外观轻巧的建筑十分流行，但我好像更加喜爱色泽偏黑、具有存在感的素材。或许是在光和影之间，我更偏爱后者吧！

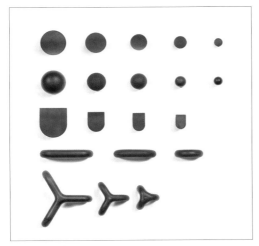

"GOM"系列
使用橡胶及不锈钢制成的小装饰品系列

富山住宅（2001）
家中使用当地生产的实木材料

有趣的素材
岁月愈长韵致愈深

　　现在我十分关注素材的"时间"这一主题。例如，前文所述的石头不知是经过多少万年的演化才存在于此，不禁令人感叹。另外，我觉得十分有趣的是，经过漫长的岁月积淀，素材独特的韵味将随之孕育而生。不仅是天然素材，黄铜、铜等金属也会随着时间演变出一种难以言表的古朴色泽。我以前曾经设计过一所使用实木材料进行装潢的传统住宅（富山住宅），由于想要使用富山当地的材料，我在地板铺设了厚达 300mm 的杉木板材，到现在木材老化得恰到好处。住宅就像古董一样，历经岁月的洗礼后，自身就会具有超凡的价值。

　　我们将漫漫岁月中素材本身所积累的时间与居住者的时间衔接在一起。我想要秉承这样一种设计理念，去创造更加丰富充实的住宅空间。

黑川雅之

生于日本爱知县。1937 年毕业于名古屋工业大学建筑专业。1967 年完成早稻田大学研究生院博士课程后，成立黑川雅之建筑设计事务所。2001 年成立 Design Top 株式会社。主要著有《设计的修辞法》《设计与死亡》等书。

别具匠心的设计
半定制住宅地板

聚焦欧洲产复合地板。超宽幅的大尺寸材料以及经过切削加工的不同表面，使设计具有丰富的创意。

合作单位 Euro Design House

地板材料在保证空间舒适度的基础之上，同时密切关注设计的艺术性。近年来，一些有趣的进口产品的使用案例也在逐步稳健地增加。这便是 Listone Giordano（意大利奢华地板品牌）和 Muphee（奥地利品牌）的复合地板。该地板以云杉木及其胶合板为芯材，在两面粘贴橡木或桃木等阔叶树材料（厚约 5mm），以防变形。宽度在 150mm 以上的产品很多，某些树种甚至可以定制宽达 300mm 左右的产品。另外，通过热处理改变表面色调，或是使用油灰在表面增加花纹，或是利用铁刷处理或刨削加工组合出精巧的凹凸，可以使表面呈现出丰富多样的效果。

1	2

3	4	5

1. 表面张贴南美产阔叶树锯切木皮板（5mm 厚）。基材为八层胶合板。通过精巧的拼接加工，打造出更为严整的感觉 /LG-Cabreuva Km31 190mm×不定尺（1500~2400mm）（16mm 厚）参考价格：35,500 日元 / ㎡。

2. 可使用在地板、墙壁、天花板 / 壁画 Beach Vulcano Duna 天然护木油涂装 /185mm×2400mm（16/19mm 厚）参考价格：35,500 日元 / ㎡。

3. 超宽幅 & 长尺寸材料。一般混装有多种尺寸的产品 /OAK Country Wide-Plank 铁刷加工天然护木油涂装 /（155~300mm）×5000mm（16mm 厚）参考价格：27,900 日元 / ㎡。

4. 材料表面经过雕刻加工添加图案 /Carving Club 天然护木油涂装 /185mm×2400mm（16/19mm 厚）参考价格：37,900 日元 / ㎡。

5. 表面填充油灰形成的流水纹样设计 /Tiger OAK 白色 天然护木油涂装 /（110~240mm）×（1800~2400mm）（16/19mm 厚）参考价格：29,900 日元 / ㎡。

（1 为 Listone Giordano 的产品，2~5 为 Muphee 产品）

其他房间
others

本章为您介绍使您的家居生活更为快乐充实，为您的住宅锦上添花的其他房间的相关案例。书房及家庭影院作为满足居住者需求的空间，追求美观大方与沉稳祥和，设计时还应当考虑音响等特有功能的配置。阁楼虽然并非日常生活空间，但是作为储存物品与兴趣爱好的空间，具有一定的可变性，设计时应当保证其能够适应多种用途，营造一种相对粗糙自然、轻松开放的氛围。

卧室·家庭影院·阁楼的基础知识

卧室及用于兴趣爱好的房间分别拥有各自不同的功能，反映着居住者的喜好。
阁楼主要用于收纳物品，但如若能够使其发挥多种用途，将更加令人满意。

统一卧室装潢的方法

卧室是放置用来睡眠休息的床及棉被的房间。由于人们常在卧室更换衣服，因此房间内大多摆放有衣柜（或放置棉被的壁橱）、梳妆台等。另外，还有可能将房间的一角设置成书房。卧室的装潢风格应当让人能够自然放松，安稳入眠。如果介意室外的声响及光线，可以考虑设置双重窗框或遮光窗帘。

照明应当设置在人躺入棉被后不会感到晃眼的位置，同时还可以设置间接照明、落地灯、读书灯等照亮必要的位置，光源适合采用具有温暖感的白炽灯。

预算较为充足的条件下，如果在墙壁和天花板处使用灰泥或硅藻土之类具有调湿性能的建材，便能缓解湿度变化，减少气味及有害物质，使睡眠更加舒适。另外，还可以仿造时髦的酒店旅馆，在卧室内同时设置冲澡间、厕所、洗脸台等一体化卫浴空间。

预算较为紧张的情况下，将卧室功能集中在睡眠这一点上进行隔间，可以使其他房间资金更为充裕。收纳方面，可以设置步入式衣物间，使用一扇门将其掩住，中间放入挂衣杆、层架、衣物箱等，在保证收纳容量的同时还能相应降低成本。

表面材料的挑选方法

地板材料适合使用杉木实木地板或者软木等质地柔软、触感温暖的天然材料。地毯在使地板更加温暖的同时，还有吸收脚步声响等优越的隔音作用。墙壁和天花板除了可以粉刷泥水材料、粘贴木板或纸质壁纸以外，还可以使用以布和植物为原料制成的壁纸，从而搭配出卧室宁静祥和的氛围。根据颜色带来的心理效果，蓝色一般使人感到寂静，因此可以看到卧室墙壁被涂装成蓝色的案例。但我认为只要符合居住者的喜好，涂装成任何颜色皆可。

统一音乐室·家庭影院装潢的方法

如果居住者有需求，有时还会在住宅中设置音乐室以演奏乐器，或是设置家庭影院来听音乐或观赏电影。这些房间必须注意做好隔音措施，以免打扰邻居，因此大多被设置于地下。由于使用隔音门等措施会导致房间气密性十分高，所以必须考虑好通风换气功能。地板上铺设地毯，墙壁及天花板则常使用有孔板材。

规划家庭影院时，需要将扬声器安装在恰当的位置，并在合适的地方设置充足的插座，并将杂乱的配线隐藏在

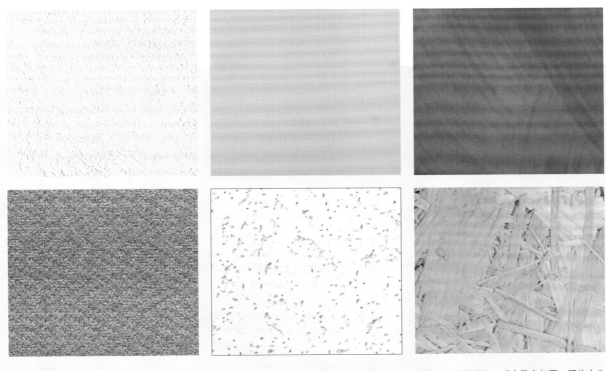

1. 硅藻土的粗糙质感。多孔结构使其具有调湿性能。2. 彩度较低的蓝色 AEP 涂装。宁静祥和，适合卧室氛围。照片中为雾面质感的"egg shell"。3. 深紫色 AEP 涂装。该照片中是在石灰底上添加颜料制成的"Lime Wash"。表面产生天然色斑。4. 地毯能够吸收脚步声响，因此最为适合用于卧室。5. 具有吸音性能的石膏板。照片为经过白色涂装后的装饰石膏板。6. 使用薄木片高温压缩制成的结构用面材欧松板。展示粗糙的表面效果也十分有趣。

定制棚架中等，此类"隐蔽工作"也十分重要。如果拥有大量的 CD 和 DVD，则应当保留与箱子尺寸吻合的收纳空间，才能保证收纳效果。

预算较为充足的条件下，可以结合目的进行音响设计，在木质百页内侧安装隔音材料，等等，兼顾外观与质感。而预算较为紧张的情况下，可以通过悬挂 DIY 窗帘或是铺设隔音材料来减少回声。但是，音乐室有时需要保留一些回声。

将其作为书房使用时，人们一般喜欢设置一面从地板直到天花板的大书架，但是同时还需要综合考虑到防止书本地震时坠落、容易攀爬及移动的梯子、统一书本高度及纵深等装潢层面陈列方法等因素。另外，将其作为电脑房使用时，需要花心思避免插座及电话线的设置和配线过于显眼，考虑安放打印机的场所及 LAN 的配置方法等。不管是哪种情况，都需要注意将抽屉设置在腰以下的高度。

统一阁楼装潢的方法

阁楼常被用作储存物品的空间。将其作为居室时，需要保证天花板平均高度在 2.1m 以上。另外，不包含在楼房层数之内的阁楼的天花板，最大高度应在 1.4m 以下。实际操作中，都应按照这些标准进行确认。

由于阁楼可以使人们攀爬到高于一般房间的位置，进入屋顶的内部结构，在其他房间上方眺望风景，因此积极地去享受视野的变化是一件十分愉快的事情。从装潢角度来说，屋顶的结构材展现在人们面前，给人们留下深刻印象。另外，由于屋顶面直接接受热影响，因此需要在屋顶采取充分的隔热措施。同时，阁楼内热气容易积聚，因此需要安装换气窗。需要注意的是隔热措施不够充分时，会导致冬天出现结露，夏天热度过高损坏物品。

由于阁楼天花板较低，照明应当选用突起较小的灯具，或是即使撞上也没问题的吊灯，或是安装在墙上的壁灯。

当给阁楼划分部分预算时，可以与其他房间进行相同的表面装潢，制造连续感，增强柱子和横梁的呈现效果，从而使空间更加富有魅力。当预算难以周转时，可以使用胶合板或其他木质板材等天然低成本素材，或是除了柱子及横梁以外都不涂装颜色，采用将结构展示在外的简约设计。

（执笔 村上太一）

蓝色墙壁及拼花地板
营造出北欧风情

　　该住宅建造在城市中心，房主三世同堂。卧室设置在三层采光极佳的位置，根据房主的要求使用散发温馨气息的材料，营造出一种北欧风情。床头墙壁采用彩度较低的蓝色 AEP 涂装，地板则铺设橡木拼花地板。另外，房门采用古典风格，开关及插座等零件也都选用进口产品，十分简约。

用毡毯连通的房间

结构：木结构
用地面积：242 ㎡
水平投影面积：93 ㎡
总建筑面积：270 ㎡
竣工年份：2012 年

Milligram Studio ｜ **内海智行**

摄影（室内）水谷绫子（外观）Milligram Studio

A

────── **天花板·墙壁** ──────

白色 AEP 涂装
为了衬托蓝色墙壁，使空间更加明亮，选用白色涂装

B

────── **墙壁** ──────

淡蓝色 AEP 涂装
Porter's Paints
由房主选择并亲自涂装自己喜爱的颜色

C

────── **地板** ──────

橡木地板
马赛克拼花地板 250/FNAY22-122（现已停用）/10mm×250mm×250mm/MARUHON 粘贴无涂装橡木地板（拼花加工），房主在表面涂装护木油

客厅·餐厅 living and dinning

餐厅·厨房 dinning and kichen

和室 Japanese-style room

浴室·厕所 bathroom and toilet

楼梯·走廊 stairs and corridor

其他房间 others

软膜天花板扩散的光线
从网格地板中穿过

　　建造在小巷深处的联排房屋式集体住宅。为了使屋顶实现全面采光使用双重构造，在外侧使用特氟隆软膜，内侧粘贴氯乙烯软膜（二者均为俗称）。为了实现自然光线的扩散作用，三楼卧室墙壁采用表面粗糙自然的清水混凝土，地板则使用钢铁网格，以便光线落入楼下。整体呈现出粗犷奔放的质感，为了降低各素材的存在感，装潢统一，细致入微。

TEM

结构：RC 造
（钢筋混凝土结构）
用地面积：44.78 ㎡
水平投影面积：34.80 ㎡
总建筑面积：98.52 ㎡
竣工年份：2004 年

aat+ Makoto Yokomizo architects
Inc. 一级建筑师事务所

Makoto Yokomizo

摄影（室内）阿野太一
（外观）一级建筑师事务所 aat+ Makoto Yokomizo architects Inc.

―――― 天花板（内膜）――――

聚酯纤维布
太阳工业
纯白色帐篷布。表面经过 PVC 涂层加工处理

―――― 墙壁 ――――

清水混凝土
使用普通模板浇筑的清水混凝土，表面粗糙
自然

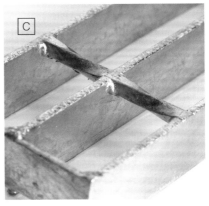

―――― 地板 ――――

钢铁网格
地板用网格（普通型）/I-50@30（50mm 厚）
/KANESO
表面有熔融镀锌

瓷砖 × 白色涂装 × 美耐板
使装潢统一到最细微之处

该卧室采用的单色素材，简约朴素又不招人腻烦。为了使厨房和客厅保持统一感，地板、墙壁及定制家具都采用和其他房间相同的表面素材。地板使用灰色系石纹风格瓷砖，降低空间重心，产生稳定感。天花板和墙壁使用白色无机质涂装，家具表面使用白色美耐板，使空间显得更加明亮，轻快的感觉与地板形成对比。

纸屋 House

结构：S 造（钢架结构）
用地面积：174.56 ㎡
水平投影面积：119.38 ㎡
总建筑面积：627.04 ㎡
竣工年份：2009 年

岸和郎 + K.ASSOCIATES/Architects
**岸和郎＋K.ASSOCIATES/
Architects**

摄影（室内）上田宏

天花板・墙壁

白色 EP 涂装
日本涂料工业协会 N-95/ 日本 PAINT
墙壁和天花板分别使用 12.5mm 厚、9.5mm 厚石膏板，表面统一施加白色 EP 涂装

地板

瓷质瓷砖
Lunarle/CR-U390/600mm×300mm（10mm 厚）/ 名古屋马赛克工业选用的石材风格施釉瓷砖表面肌理如同岩石

客厅·餐厅 living and dinning

餐厅·厨房 dinning and kichen

和室 Japanese-style room

浴室·厕所 bathroom and toilet

楼梯·走廊 stairs and corridor

其他房间 others

用加入隔音材料的地板及胶合板彻底控制声响

dada house

结构：木结构
用地面积：154.30 ㎡
水平投影面积：52.99 ㎡
总建筑面积：101.49 ㎡
竣工年份：2009 年

Architecture WORKSHOP

北山恒

摄影（室内·外观）阿野太一

　　公共艺术学者生活的住宅。一层宛如画廊，照片中的二层是房主的书房。地板铺设隔音板后再加入金属网格，浇筑成厚约 50mm 的混凝土层。房屋中央设置的中庭用来采光。周围墙面可以兼作书架，同时还考虑到了室内吸音及室外隔音效果。另外，其他墙壁和门的表面材料都采用柳桉木胶合板，天花板处使用落叶松胶合板，用以吸收光线和声音。

─── 天花板 ───

落叶松胶合板

9mm 厚，涂装：日本涂料工业协会 N-90
通过白色 EP 涂装消除胶合板表面木纹

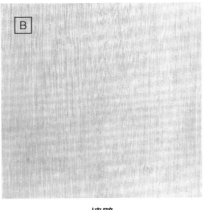

─── 墙壁 ───

柳桉木胶合板

9mm 厚

墙面和定制棚架分别使用厚 9mm、厚 15mm 的柳桉木胶合板，作为吸收光线和声音的素材

─── 地板 ───

灰浆

涂层：50mm

为了达到上下楼层隔音的效果，在隔音板的上方浇筑灰浆地板，并用金属镘刀平整表面

保留堆砌空隙的砖墙
具备回音及吸音性能

家庭影院的墙壁需要具备适度的回响及吸音性能。如果将砖头直接堆砌成墙，会使整面墙壁成为反射面，因此在保留缝隙的基础上，在需要吸音的墙面里侧夹入玻璃棉，不需要的墙面则填充石膏板。所有砖墙面都夹入玻璃壁纸，从而使人们无法分辨哪边是吸音墙面。地板使用橡木实木地板材料，天花板则铺设经过深色涂装的落叶松板壁，营造出安静沉稳的氛围。

NA

结构：RC 造（钢筋混凝土结构）+
部分木结构
用地面积：1479.81 ㎡
水平投影面积：164.98 ㎡
总建筑面积：266.22 ㎡
竣工年份：2005 年

ADH 设计组织

渡边真理 + 木下庸子

（音响设计：永田音响设计
影音机器顾问：cadenza）

摄影（室内）小林俊之（外观）ADH 设计组织

—— 天花板 ——

落叶松板壁
宽 100mm（12mm 厚）、涂料：油性染色剂
涂抹油性染色剂后进行擦拭处理，使表面产
生微妙的光泽

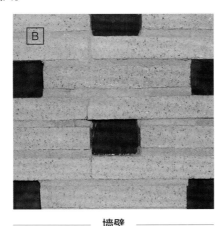

—— 墙壁 ——

砖块
242mm × 38mm × 70mm/SUKARA
采用的砖块部分砖面呈粗糙毛坯状

—— 地板 ——

橡木地板
19mm 厚 / 昭和洋樽、涂装：Watco 护木油
处理
可以安装地板暖气的实木地板。表面涂装以
亚麻油为主原料的 Watco 护木油

倾斜清水墙壁和吸音天花板控制颤动回波现象

　　为音乐演奏家夫妇设计的住宅。为了使房主即使是深夜也能在一楼的小提琴及钢琴演奏室进行练习，房间的躯体四周都使用混凝土墙壁。为了使室内也能制造出现场演奏的音响效果，混凝土采用清水浇筑法。为了避免声波来回于墙壁之间产生颤动回波现象，对面墙壁设置了一定的角度。考虑到天花板和地板的回音现象，让其保持一定倾斜度，并使用玻璃质纤维装饰隔音板进行表面处理。

镰仓的带工作室住宅

结构：RC 造
（钢筋混凝土结构）+ 木结构
用地面积：377.44 ㎡
水平投影面积：87.89 ㎡
总建筑面积：168.92 ㎡
竣工年份：2008 年

Architecture WORKSHOP

北山恒

摄影（室内）阿野太一（外观）Architecture WORKSHOP

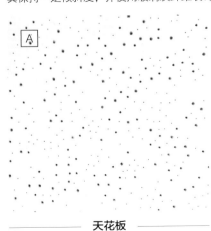

天花板

装饰隔音板

Solaton（星尘图案）/9mm 厚 / 吉野石膏
使用具有吸音效果的玻璃质纤维装饰隔音板

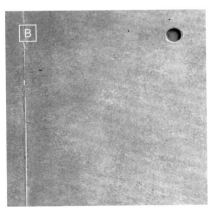

墙壁

清水混凝土

为了创造音响环境，使用普通模具浇筑的混凝土墙壁和部分有孔柔性板

地板

长尺寸氯乙烯板

Ponleum Pro（ 纯 色 ）/FP3332/2mm 厚 /
SINCOL
考虑到使用乐器的需要，粘贴长尺寸氯乙烯板，表面涂装蜡层，具有光泽

133

窄通道状阁楼铺设欧松板
富有素材质感

House T

结构：木结构
用地面积：70.31 ㎡
水平投影面积：37.33 ㎡
总建筑面积：75.62 ㎡
竣工年份：2012 年

筱崎弘之建筑设计事务所
筱崎弘之

摄影（左页）Kai Nakamura

　　窄通道状的阁楼空间。为了将其当作大型储存间（储物架），地板表面材料使用欧松板，质地结实，即使稍微脏污也不用介意。另一方面，墙壁表面使用石膏板，使得空间构成一目了然。天花板表面使用常用于屋顶底材的硬质木片水泥板，具有耐火性能。以上都是直接使用的兼具功能性及设计性的素材，打造出了一个充分利用、毫无浪费的空间。

― 天花板 ―

硬质木片水泥板
Century 耐火屋顶底材 /12mm 厚 /NICHIHA
由于地处城市内防火区，因此采用具有耐火性能的屋顶底材

― 墙壁 ―

白色 EP 涂装
涂装：环保平面 70/ 菊水化学工业
在厚约 15mm 的石膏板上均匀地进行白色（日本涂料工业协会 N-90）EP 涂装

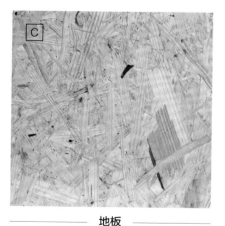

― 地板 ―

欧松板
9mm 厚
为了用于储存物品，使用表面粗糙的欧松板素材，表面伤痕不易显眼

客厅 · 餐厅　living and dinning

餐厅 · 厨房　dinning and kichen

和室　Japanese-style room

浴室 · 厕所　bathroom and toilet

楼梯 · 走廊　stairs and corridor

其他房间　others

裸露梁柱制造朴素氛围的多用途楼阁

　　该住宅在建筑采光权规定标准下，采用的角度最大的单坡式屋顶，保证了充足的空间与分量感。以反复的三角构造为主要结构形式，将顶部残余的三角形空间设置成阁楼。为了与 LDK 使用的外露结构材表面相协调，柱子及横梁部分的结构材和落叶松胶合板也裸露在外。外露结构材是降低成本的要素，同时给人看似仍未完工的印象，从而能够对应多种用途，使空间利用具有灵活性。

me house

结构：木结构 + 部分 RC 造（钢筋混凝土结构）

用地面积：108.34 ㎡

水平投影面积：42.97 ㎡

总建筑面积：123.40 ㎡

竣工年份：2008 年

若松均建筑设计事务所　|　**若松均**

摄影（室内 · 外观）新良太

—— 天花板 · 墙壁 · 地板 ——

落叶松胶合板

12mm 厚

大花样木纹散发粗狂自然的气息。墙壁和天花板使用集成材外露梁柱

—— 墙壁 ——

白色 EP 涂装

石膏板上施加白色 EP 涂装，给人明亮纵深的感觉

富 永 让
Y u z u r u   T o m i n a g a

读取素材蕴藏的内涵

富永先生主张不仅要知晓素材的特性，还应读取素材的本质性内涵。
让我们来探其究竟。

自宅（1980）墙壁及天花板使用聚乙烯胶合板，让家具与建筑保持协调

摄影 片桐圭

箱式隔断从书房一直沿伸到屋顶下面
摄影　片桐圭

统一建筑与家具的材料
从而保持装潢的协调性

　　我现在居住的家（武藏新城的住宅）是将一栋具有60年历史的木造建筑的一半进行平移后，再加上我自己新设计的部分而构成，现在新建部分也已经有了33年历史。主要是通过拆毁浴室、厨房、厕所等用水处的木材腐烂部分，翻修成的半新式住宅。该建筑全部利用木材构造，开口部内侧安装有推拉门，外接铝制窗框。

　　该住宅的另一个特征是使用了大量的聚乙烯胶合板作为表面材料。33年前，聚乙烯胶合板主要被用于制作家具，很少被用作住宅墙壁及天花板的主要材料。随着建筑工业化的进程，家具制造业也在不断发展。聚乙烯胶合板本身确实性能十分优秀，但当把它运用到住宅内部装潢时，却很难使其与空间相调和。所以相应地，我也觉得建造住宅时有必要对素材进行一定的限制。而在这所住宅中，我统一使用聚乙烯胶合板作为定制家具和建筑的材料，尝试以此打造出一个调和的装潢空间。

人工素材与天然素材的对比
使空间更为丰富多彩

　　有些素材虽然是物质，却拥有非物质般的特质。这是因为它能够映照并吸纳其他物品的特性。因此，基于这一想法，挑选材料时我们需要注意材料的光泽感和肌理。当初我开始关注聚乙烯胶合板，也是因为它具有轻微的反射性。油漆之类也是如此，相对于厚重死板的涂层，我更喜欢稍微具有光泽的涂法。当人在前面移动时，可以映照出影影绰绰的身姿，从而烘托出一种具有触觉性、感官性的氛围。而关键在于，它不像镜子那般直接，而是让人感受到物体在光线之中的一种反映。不只是聚乙烯胶合板和具有光泽的涂层，玻璃也同样有有趣的一面。因为只要玻璃稍微具有弧度，就会和笔直的玻璃映照出完全不同的物象。

　　如上所述，人工素材需要重视肌理和光泽感。另一方面，表面粗糙、风格粗犷的天然素材则别有一番趣味。石材、土墙、砖瓦和灰泥都有这种特性，因此我十分喜爱。略有光泽的人工素材和表面粗糙的天然素材，我对这二者之间的对比抱着浓厚的兴趣，而对处于中间的风格中立的素材不甚关心。我认为应当将这种相反的素材简单地灵活运用于空间。

东大泉的住宅（1994）
地板面、桌子及窗台采用白色意大利瓷砖，
用作光的发射面
摄影 富永让 + Form System 设计研究所

运用材料的本质色彩
使其与空间相调和

　　颜色方面，基本上只要使用天然素材就不会失败。最初制造模型进行计划时，大多数人都会考虑设计成色彩缤纷的空间，最终却都放弃这一想法，选择非彩色空间。住宅和绘画不同，它是由日后不断地添加新物品，由在其中生活的居住者和物品统合完成的空间。因此建造住宅时，应当考虑将其设计成一个所有物品都能够自然存在的空间。

　　最近，我将自己家的外装换成了黑色的铁板。以前是喷涂的白色涂装，这次在它基础上，屋顶和墙壁都张贴上了相同的铁板。所有材料都拥有属于自己的颜色，而铁果然还是与黑色最为相称。运用材料本质的颜色，更容易与空间相调和。

根据素材蕴藏的含义
挑选材料

　　地板材料大多使用木材。人们在日本住宅中多为赤脚行走，因此皮肤会直接接触地板面。设计时如果出现预算不足的情况，就需要在某个部分削减成本。此时，地板一定是被保留到最后的选项。地板是家居中最为重要的地方，因此分配预算时万万不可在地板上敷衍了事。建议将建造住宅和铺设地板放到同等重要的位置来考虑。

　　市面上并没有固定的地板材料，但是我喜欢略带粉红色的樱桃木地板。樱桃木就仿佛人的肌肤一般，随着岁月流逝红色渐深，色泽愈发浓厚。虽然我家地板使用的是橡木，但橡木也会随着时间流逝质感愈佳。我想，这是因为花费了漫长岁月来成长的天然材料，使用起来也必将经久不衰。像柳桉木这种成长速度很快的材料，即使长时间使用也难以产生韵致，或许这是和树木的年轮相关吧！我想，生长的时间越长，相应就越让人喜爱的素材便是好的素材。

　　另外，认识素材的重点之一是区分结构材和非结构材。结构材是建筑成立的根基，彰显着材料的强度，因此倘若过分忽视这一含义，就无法积极运用材料。住宅对于在其中居住生活的人而言，相对于美观它还有更为本质的作用。作为建筑结构体的素材应当质地坚硬，风格凛冽，具有紧张感。我们应当积极地展示是这样的材料支撑着整个建筑。

从世界著名建筑物中
学习运用材料的方法

　　勒·柯布西耶（Le Corbusier 法国著名建筑师）设计的"马赛公寓（Marseille）"中，不仅是建筑结构体，连书架、照明灯具都是采用的混凝土材料。使用混凝土建造时，统一素材尤为重要。另外，路易斯·康（Louis Isadore Kahn 美国现代建筑师）在 Fisher House 中使用的素材种类也十分集中。他用石材作为基础，内装则使用砖墙及土墙等可以称作是"石材的亲戚"的材料。

不久前我在印度曾拜访过一座名为"法地布尔·西格里"（FatehpurSikri，世界遗产，莫卧儿帝国皇宫所在地）的古城，它主要由砂岩构成。地板、墙壁和屋顶全都采用石材建造。宫殿中铺设着并排的大石头，石梁也裸露在外，让人感到空间的统一和丰富。

另外，传统的木造建筑也是由单一的木材建造而成。虽然和柱子、横梁处使用的素材的作用不同，但是基本上都是素材统一的优美空间。

一般而言，建造住宅时应当尽可能减少素材的种类，如果可能的话可选用单一素材。因为素材的种类越少，越能使空间中的光线产生美丽的映照效果。把不同种类的素材不断叠加组合，使空间看起来丰富有趣的方式是用于设计商业空间的手法。而设计住宅时，应当首先考虑如何使投射进室内的光线以及室外的绿植等更为美观。

重新审视
使用至今的地域性素材

另外，在印度之行中我学到的是，建筑最终还是应当使用本地的素材。印度的话，当属用印度的泥土烧制的砖块。如果从民俗学角度来看世界住宅，它们使用的必定是当地生产的素材。或许以适当的价格适量使用地域产业中生产的材料才是理所当然吧。

建筑原本就是当地所拥有的技术的结晶。不是塑料混凝土这类先进技术材料，如果没有当地随处可见的素材，是无法用来建造建筑的。重要的是思考如何灵活运用自己身边的素材，打造出美观的建筑。我们有必要仔细观察那些使用至今的材料，重新审视它们的新用途和技术。

在日本，木材也重新受到人们的关注，果然日本还是"木之国"。以前的小学学校是木造建筑，即使被孩子们敲打也很难损坏，手摸上去还有温暖的触感，这种记忆十分的珍贵。我现在也在不断思考着木材的新用法。比如，不是把木材加工成板状，而是更加奢侈的做法——把木材像砌砖一样堆积起来等做法，看似也十分有趣。

大船之家（1994）
柱子与倾斜的墙面相连，赋予空间韵律感。
地板采用椴木单板、墙面和天花板使用聚乙烯胶合板
摄影 富永让 +Form System 设计研究所

富永让
生于中国台湾省台北市。1967 年毕业于东京大学工学院建筑专业，曾任职于菊竹清训建筑设计事务所，而后成立富永让+Form System 设计研究所。1975 年开始担任日本女子大学家居专业讲师，2002年开始担任法政大学教授。主要著有《现代建筑解体新书》《勒·柯布西耶建筑的诗篇》等作品。

企业名	电话号码	URL	刊登材料
AIKA 工业	0120-525-100	http://www.aica.co.jp/	装饰胶合板、瓷质瓷砖
Aqua System	03-3914-6481	http://www.aqua-system.net/	隔热涂装
旭 Bill Wall	03-5806-3110	http://www.agb.co.jp/	光学玻璃荧光屏
Arbre.Inc	075-744-0237	http://www.arbre-inc.com/	地板
Alberopro 株式会社	042-340-7685	http://www.alberopro.com/	地板
石田织布	0778-36-0035	http://www3.ocn.ne.jp/~ishida-s/	榻榻米布边
Interior Nasu	0166-82-2585	http://www.interior-nasu.jp/	定制家具、普通家具
X'S	0572-20-0711	http://x-s.jp/	石器质瓷砖
SK 化研	072-621-7733	http://www.sk-kaken.co.jp/	涂料
OHMURA	0771-25-4545	http://www.ohmura-trading.co.jp/	瓷质瓷砖
KANESO	059-377-3232	http://www.kaneso.co.jp/	网格
Glass Land	03-3235-1671	http://www.garasu-land.com/	古典玻璃
唐长	075-251-1550	http://www.karacho1624.org/	唐纸
关西 PAINT	06-6201-1116	http://www.kansai.co.jp/	涂料
菊水化学工业	052-300-2222	http://www.kikusui-chem.co.jp/	涂料
五感	03-3522-4169	http://www.muku-flooring.jp/	实木地板
COBOT	06-6379-2929	http://www.cobot.co.jp/	地板
樱制作所	087-845-2828	http://www.sakurashop.co.jp/	定制家具
Sangetsu	052-564-3111	http://www.sangetsu.co.jp/	PVC 壁纸、植绒壁纸
SANWA Company	0120-466-838	http://www.sanwacompany.co.jp/	地板
涉谷工业株式会社	06-6211-7335	http://www.shibutani.co.jp/	建筑五金、窗框
昭和洋樽制作所	06-6492-1328	http://www.showayotal.co.jp/	地板
SINCOL	03-3705-1234	http://www.sincol.co.jp/	长尺寸聚氯乙烯板、PVC 壁纸、厨房柜台
水土社	0465-66-1780	–	灰泥
Square Meter	03-6447-0077	http://www.square-meter.jp/	涂装
SEIHOKU	0255-22-6511	http://www.seihoku.gr.jp/	结构用胶合板
积水成型工业	0120-393-756	http://www.sekisuiseikei.co.jp/	榻榻米
大建工业	0120-787-505	http://www.daiken.jp/	榻榻米
大日技研工业	03-3639-5131	http://www.dainichi-g.co.jp/	涂料
大日精化工业	03-3662-7111	http://www.daicolor.co.jp/	涂料
DYNIC	03-5402-1811	http://www.dynic.co.jp/	帐篷布
大阳工业	06-6306-3032	http://www.taiyokogyo.co.jp/	聚酯纤维布
TAKIRON	0120-877-115	http://www.takiron.co.jp/	中空聚碳酸酯板
竹六商店	0748-45-0231	http://www.takeroku.co.jp/	单板
DANTO	03-3664-1731	http://www.danto.co.jp/	瓷质瓷砖
Chafflose Corporation	045-243-1905	http://www.chafflose.net/	涂料
TOLI	0120-10-6400	http://www.toli.co.jp/	PVC 瓷砖
东京公营	03-5225-4080	http://www.tokyokoei.com/	地板
TOKIWA	03-3472-3001	http://www.tokiwa.net/	PVC 壁纸
名古屋马赛克工业	03-5350-3111	http://www.nagoya-mosaic.co.jp/	瓷质瓷砖、马赛克瓷砖
西泽工业	027-362-6234	http://www.nishizawakk.co.jp/	土墙
NICHIWA	052-220-5125	http://www.nichiha.co.jp/	硬质木片水泥板
日本板玻璃	0120-498-023	http://www.nsg.co.jp/	玻璃

企业名	电话号码	URL	刊登材料
Japan Enviro-Chemicals	0120-124-123	https://www.jechem.co.jp	木材保护涂料
日本 OSMO	0794-72-2001	http://www.osmo-edel.jp/	木材保护涂料
日本 PLASTER	0120-323-960	http://www.plastesia.com/	涂料
日本 PAINT	06-6458-1111	http://www.nipponpaint.co.jp/	涂料
日本 Runafaser	03-5785-2750	http://www.runafaser.co.jp/	涂装底材壁纸
日本电气玻璃	077-537-1861	http://www.neg.co.jp/	玻璃砖
日本特殊涂料	03-3913-6131	http://www.nttoryo.co.jp/	涂料
NORD	03-5803-1585	http://www.ric-nord.co.jp/	窗框
榛原	03-3272-3801	http://www.haibara.co.jp/	和纸
HANEDA 化学	0555-84-8070	http://www.hanedachemical.jp/	涂料
美州兴产	052-771-6141	http://www.bishu-k.co.jp/	地板表面材料
Big Will	0883-79-3300	http://www.bigwill.co.jp/	天然木材极薄木皮板
平田瓷砖	03-3350-8922	http://www.hiratatile.co.jp/	瓷质瓷砖
Fonte Trading	089-977-0317	http://www.fonte-trading.com/cms/	马赛克瓷砖、瓷质瓷砖
FUJIWARA 化学	0898-64-2421	http://www.fujiwara-chemical.co.jp/	硅藻土粉刷材料
FUKKO	055-262-2111	http://www.fukko-japan.com/	泥水材料
物林	03-5534-3580	http://www.mbr.co.jp/	地板、装饰胶合板
松冈制作所	0120-477-473	http://www.matsuoka-pro.com/	定制厨房
Material House	03-3751-5112	http://www.materialhouse.co.jp/	不锈钢、钢板
Maruni Wood Industry	0829-20-1208	–	木材
Maruni 木工	0077-78-2500	http://www.maruni.com/jp/	家具
MARUHON	03-5326-7411	http://www.mokuzai.com/	地板
室金物	075-211-9798	http://www.murokanamono.co.jp/	把手
YAMADA 建筑工房	0465-31-1900	http://www.yamadakenchikukoubou.com/	地板
Euro Design House	03-6447-1950	http://www.eurodesignhaus.com/	进口复合地板
吉村兴业	03-3990-3876	http://www.ea.ejnet.ne.jp/~yoshimura/	泥水材料
吉野石膏	03-3284-1181	http://yoshino-gypsum.com/	石膏板、装饰吸音板
Warlon	052-451-1456	http://www.warlon.co.jp/	塑料推拉门纸
ABC 商会	03-3507-7111	http://www.abc-t.co.jp/	长尺寸橡胶板
ADVAN	0120-07-17-17	http://www.advan.co.jp/	瓷质瓷砖、火山岩
AD WORLD	03-5405-1125	http://www.ad-world.co.jp/	地板、定向结构麦秸板
AURO	0120-044-790	http://www.auro-jp.net/	天然涂料
ENBC	03-6414-7264	http://www.enbc.jp/	地板
GROHE JAPAN	03-3298-9685	http://www.grohe.com/jp/	德国制水龙头零件
KAMISM	03-5637-8751	http://www.kamism.co.jp/	和纸壁纸
KAWAJUN	03-3669-2801	http://www.kawajun.jp/hardware/	门把手
LIXIL 客服中心	0120-1794-00	http://www.lixil.co.jp/	瓷质瓷砖
maxray	06-6967-0140	http://www.maxray.co.jp/	照明器具
MRC.Dupont	03-5410-8551	http://www.dupont-corian.net/	人工大理石
NENGO	044-829-3324	http://www.nengo.jp/	涂料
NENGO（Porter's Paints 事业部）	044-829-3383	http://www.porters-paints.com/	涂料
S.K.K 佐佐木工业	0748-37-7292	http://sasaki-kougyo.com/	和风天花板材料

由于篇幅所限，仅列出各设计室在本书中刊载作品的索引。

版权信息

SAMPLE BOOK OF THE BEAUTIFUL INTERIOR
© X-Knowledge Co., Ltd. 2014
Originally published in Japan in 2014 by X-Knowledge Co., Ltd. TOKYO,
Chinese (in simplified character only) translation rights arranged with
X-Knowledge Co., Ltd. TOKYO,
through CREEK & RIVER Co., Ltd. TOKYO.

图书在版编目（CIP）数据

室内装修建材案例 / 日本株式会社无限知识编著；
何庆译. — 北京：北京美术摄影出版社，2018.1
书名原文：SAMPLE BOOK OF THE BEAUTIFUL
INTERIOR
ISBN 978-7-5592-0041-9

Ⅰ. ①室… Ⅱ. ①日… ②何… Ⅲ. ①室内装修—装
修材料—案例 Ⅳ. ① TU56

中国版本图书馆 CIP 数据核字（2017）第 239022 号

北京市版权局著作权合同登记号：01-2017-6175

责任编辑：董维东
助理编辑：康　晨
责任印制：彭军芳

室内装修建材案例
SHINEI ZHUANGXIU JIANCAI ANLI

日本株式会社无限知识　编著
何庆　译

出　版　北京出版集团公司
　　　　北京美术摄影出版社
地　址　北京北三环中路6号
邮　编　100120
网　址　www.bph.com.cn
总发行　北京出版集团公司
发　行　京版北美（北京）文化艺术传媒有限公司
经　销　新华书店
印　刷　鸿博昊天科技有限公司
版印次　2018年1月第1版第1次印刷
开　本　889毫米×1194毫米　1/16
印　张　9
字　数　80千字
书　号　ISBN 978-7-5592-0041-9
定　价　79.00元
如有印装质量问题，由本社负责调换
质量监督电话　010-58572393